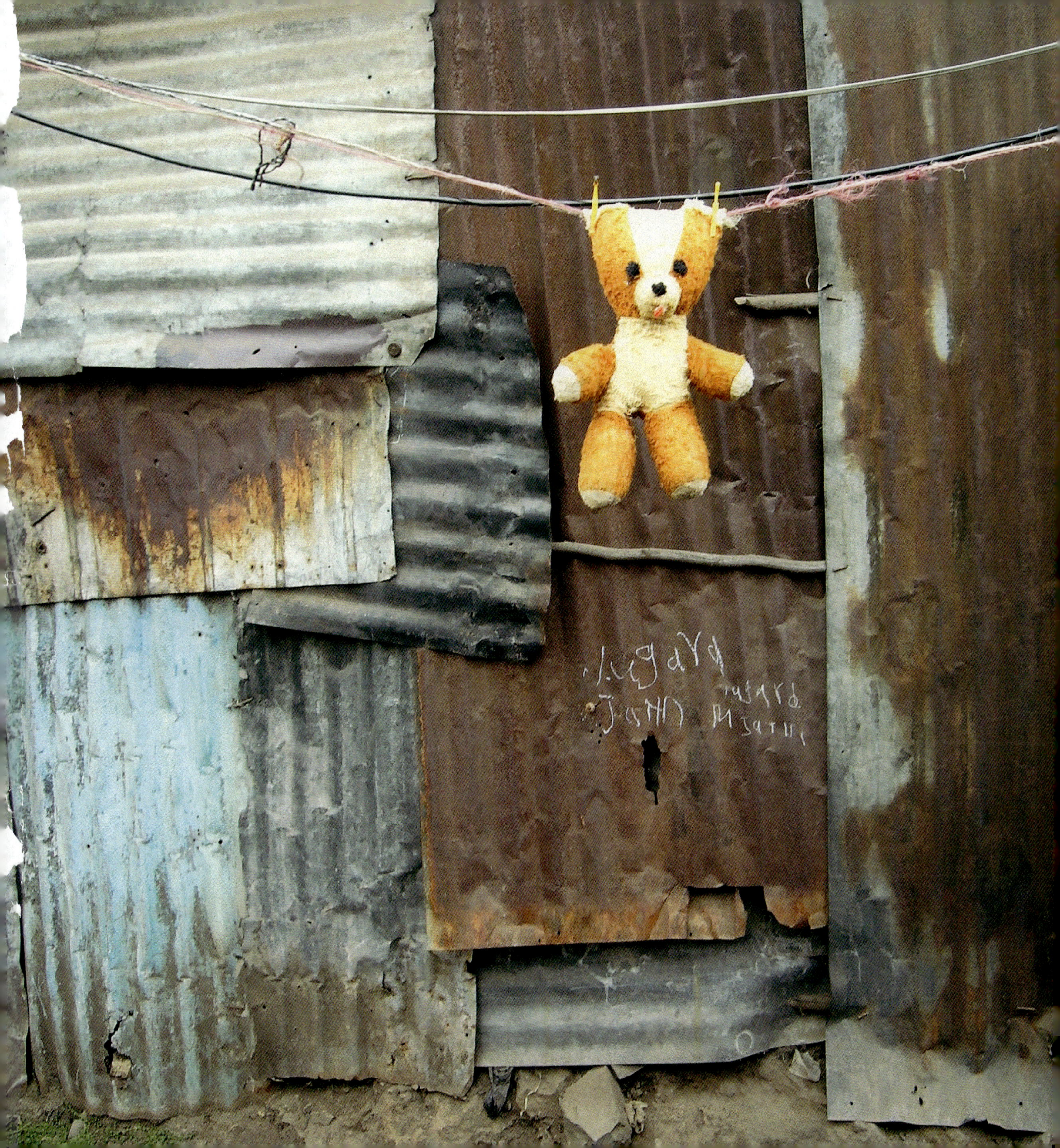

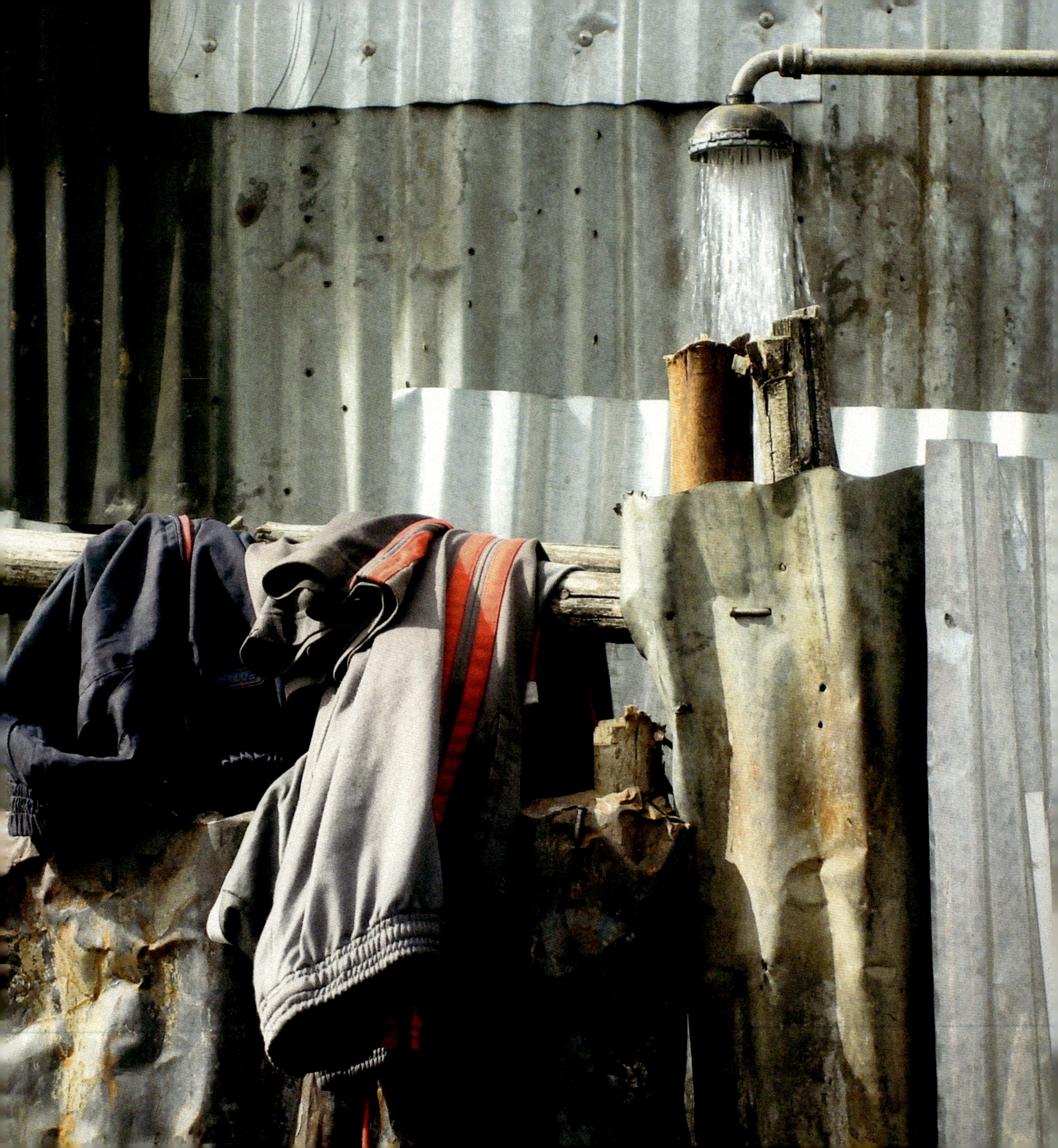

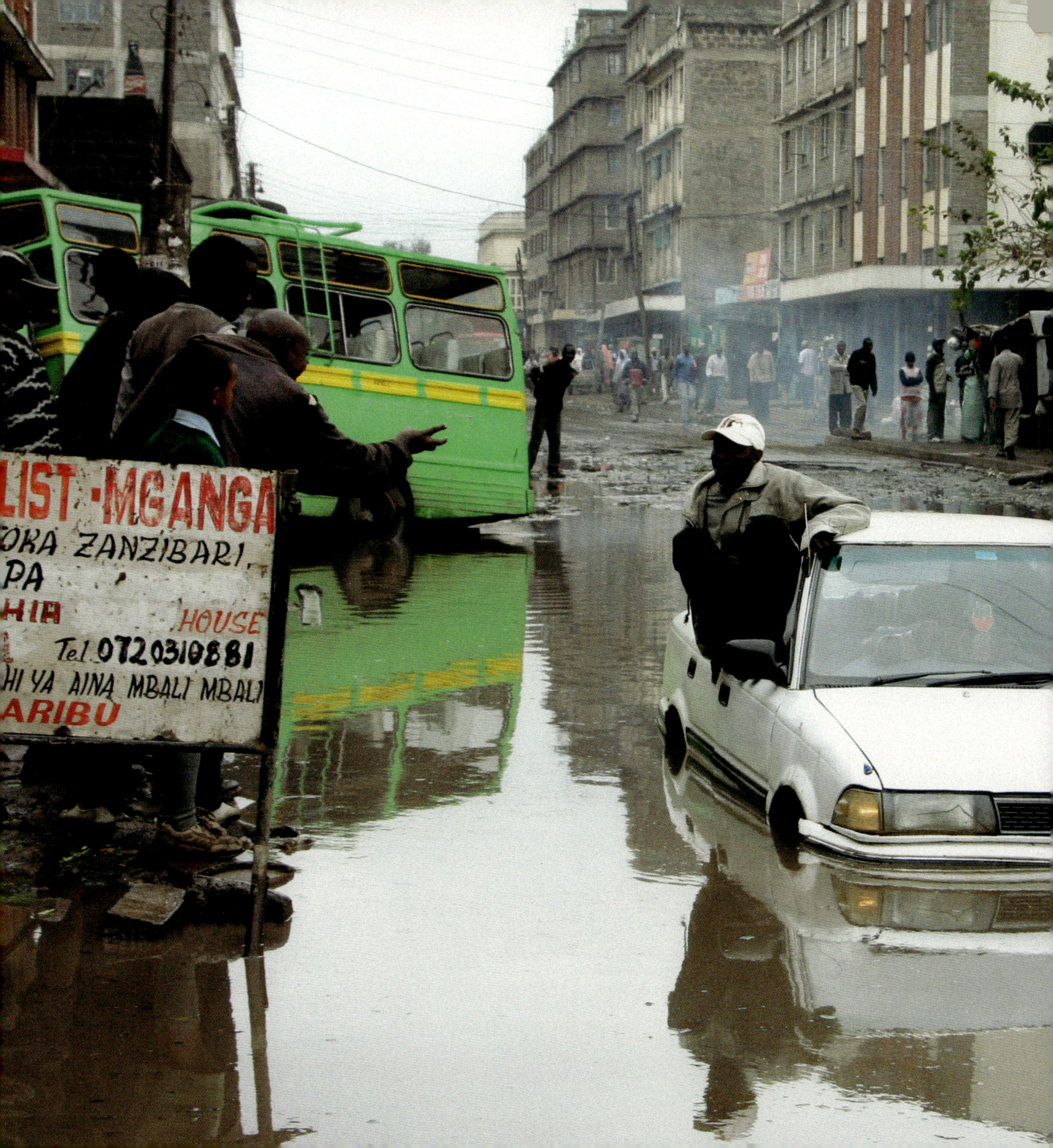
LIST ·MGANGA
OKA ZANZIBARI,
PA
HIA
HOUSE
Tel. 0720310881
HI YA AINA MBALI MBALI
ARIBU

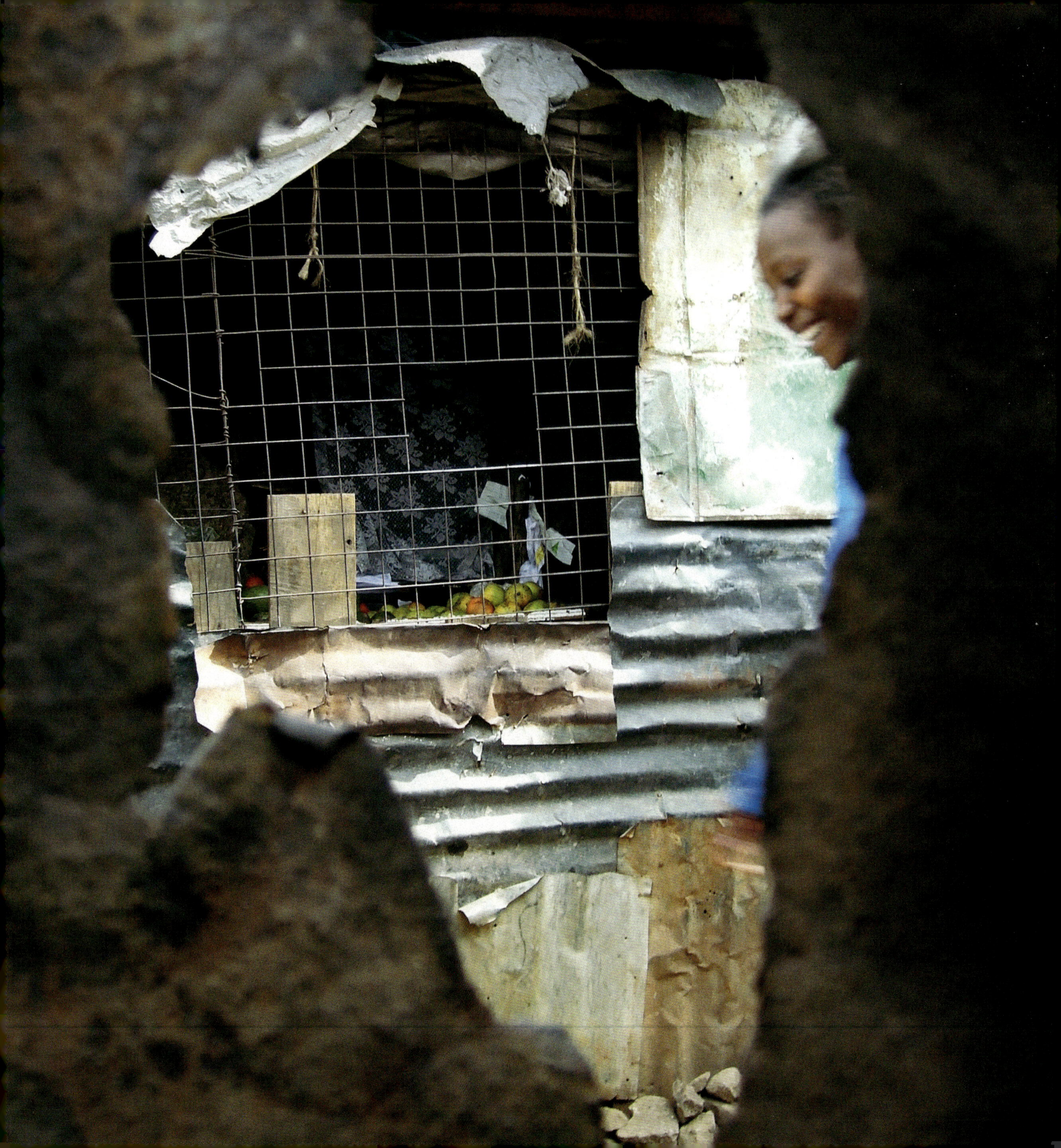

Julius Mwelu

& the Mwelu Foundation / NAIROBI

AFRICALIA & STICHTING KUNSTBOEK

<< 1,2,3,4

What is it that can make a film or a photograph move you, shake up your thinking, obsess you to the point where you have to take action and get involved? This is what happened to Africalia, jury member, at the *Festival des Libertés* in Brussels. Among a hundred other films, all concerned with human rights, there was a screening of the documentary *Shoot back*, taking us into the heart of Mathare, one of Nairobi's many slums. In the Dantesque world of this slum city, hundreds of thousands of people live crowded together in a narrow valley without any facilities. Viewed in the comfort of the European capital, this film raises the question of the scandalous duality of a modern world in which wealth and poverty toy cruelly with people's lot. This might provoke a sense of despair, but just like in a Kenyan folk tale, this city too has produced its heroes, boys who are capable of moving mountains, who are strong enough to train a whole host of young people in the winding ways of creativity. At the centre of this documentary, set in a landscape of sheet metal roofs stretching out as far as the eye can see, we encountered Julius Mwelu, an inspired, generous and charismatic photographer. Around him, brought together in the Foundation that is named after him, he has gathered dozens of boys and girls with whom he shares his time, talent and money. This book bears witness to the remarkable work of these image and dream hunters.

MIRKO POPOVITCH

Om welke redenen kunnen een film of een foto u zodanig ontroeren, uw manier van denken zo overhoop halen, voor u een dusdanige obsessie worden dat u zin krijgt om iets te ondernemen, om u te engageren? Dat is Africalia overkomen, jurylid tijdens het *Festival van de Vrijheid* in Brussel. Naast honderd andere films, die allemaal over mensenrechten gingen, werd ook de documentaire *Shoot back* getoond, die de kijkers onderdompelt in Mathare, een van de vele *slums* van Nairobi. In het danteske universum van die stadswijk leven honderdduizenden mensen op elkaar gepakt in een smalle vallei zonder enige infrastructuur. Wanneer we die film in het comfort van de hoofdstad van Europa bekijken, dringen zich vragen op over de schandalige dualiteit van een moderne wereld waarin rijkdom en armoede een wreed spel spelen met het lot van de mensen. Dat zou ontmoedigend kunnen zijn, maar net als in een Keniaans verhaal heeft ook die wijk zijn helden voortgebracht, jongens die bergen kunnen verzetten, die sterk genoeg zijn om tal van jongeren mee te slepen in de meanders van de creativiteit. In het middelpunt van de documentaire, die werd gefilmd tegen de achtergrond van een landschap met een oneindige opeenvolging van plaatijzeren daken, ontdekten we Julius Mwelu, een geïnspireerde, gulle en charismatische fotograaf. Rondom hem heeft hij, in een Stichting die zijn naam draagt, tientallen jongens en meisjes verenigd met wie hij zijn tijd, zijn talent en zijn geld deelt. Dit boek getuigt van het opmerkelijke werk van jonge mensen die beelden en dromen najagen.

MIRKO POPOVITCH

Pour quelles raisons, un film, une photographie peuvent-ils vous émouvoir, bousculer votre mode de pensée, vous obséder jusqu'à vous donner envie d'agir, de vous impliquer? C'est ce qui est arrivé à Africalia, membre du jury, lors du *Festival des Libertés* à Bruxelles. Parmi cent documentaires, tous concernés par les droits humains, était projeté *Shoot back*, une plongée au cœur de Mathare, un des nombreux *slums* (bidonvilles) de Naïrobi. Dans l'univers dantesque de cette cité, ils sont des centaines de milliers à vivre confinés dans une vallée étroite et dépourvue de toute infrastructure. Visionné dans le confort de la capitale européenne, ce film pose la question de la dualité scandaleuse d'un monde moderne dans lequel la richesse et la pauvreté jouent cruellement avec le sort des Hommes. Cela pourrait être désespérant, mais comme dans un conte kenyan, cette cité a aussi engendré ses héros, des garçons capables de lever des montagnes, suffisamment forts pour entraîner une multitude de jeunes dans les méandres de la créativité.
Au centre de ce documentaire, filmé devant un paysage de toits en tôles qui se succèdent à l'infini, on découvrait Julius Mwelu, un photographe inspiré, généreux, charismatique. Autour de lui, regroupés dans la Fondation qui porte son nom : des dizaines de garçons et filles avec qui il partage son temps, son talent, son argent. Ce livre est un témoignage du travail remarquable de ces chasseurs d'images et de rêves.

MIRKO POPOVITCH

Do you know Julius Mwelu? Probably not.

His name doesn't feature in the art directories, and even though his photos are occasionally published in certain newspapers, they still only have a limited audience.

On the other hand, if you come face to face with him one day, you will remember the experience for a long time. And the memory will be a joyful one, despite his roguish air. You can detect boldness and determination in his eyes, together with a disconcerting nonchalance and good humour. It is a gaze full of life.

A few years ago, Julius told me that the best advice his mother had given him was: 'Make a new friend every day'. In Mathare, a huge slum in Nairobi, he has many friends today. Not because he has promised them anything or because he has money or power, but because when you are in his company, you have the sense that things are possible. You don't know if they really are, but you feel like trying. Trying something different. Thanks to this energy and this generous friendship, he has convinced young people who originally wanted to play football to start looking at the world afresh through photography.

If you want to make some friends in Mathare, this photography book is your best guide.

You will be made welcome there.

FRÉDÉRIC JACQUEMIN

VOORWOORD

Kent u Julius Mwelu? Wellicht niet.

Zijn naam komt niet voor in kunstrepertoria en als zijn foto's dan al in sommige kranten worden gepubliceerd, is dat voor een publiek van ingewijden.

Indien uw pad op een dag echter dat van Julius kruist, dan zult u zich dat nog lang herinneren. En het zal een vrolijke herinnering zijn, ondanks zijn schalkse uitstraling. In zijn ogen lezen we durf en vastberadenheid, maar tegelijk ook een nonchalance en een goed humeur die verrassend overkomen. Zijn blik straalt levenslust uit.

Enkele jaren geleden vertelde Julius mij dat 'Maak elke dag een nieuwe vriend' de beste raad was die zijn moeder hem ooit had gegeven. In Mathare, een gigantische sloppenwijk van Nairobi, heeft hij tegenwoordig ontelbare vrienden. Niet omdat hij hen iets heeft beloofd, noch omdat hij geld of macht heeft. Maar wel omdat men in zijn gezelschap het idee krijgt dat dingen mogelijk worden. Men weet niet of dat ook echt zo is, maar men heeft wel zin om het te proberen. Om andere dingen uit te proberen. Gesterkt door die energie en die gulle vriendschap heeft hij jongeren die eerst voetballer wilden worden ervan overtuigd om de wereld anders te gaan bekijken, door de lens van een fototoestel.

Als u zin hebt om vrienden te maken in Mathare, dan is dit fotoboek uw beste gids.

Het heet er u welkom.

FRÉDÉRIC JACQUEMIN

PRÉFACE

Connaissez-vous Julius Mwelu? Sans doute pas.

Son nom n'apparaît pas dans les répertoires d'art et si ses photos sont publiées dans certains journaux, c'est encore de manière confidentielle.

Par contre, si un jour vous croisez le regard de Julius, vous vous en souviendrez longtemps. Et ce sera un souvenir joyeux, même si ce Mwelu a une tête de bandit. Dans ses yeux, on lit de l'audace, de la détermination, en même temps qu'une nonchalance et une bonne humeur déconcertantes. Un regard rempli de vie.

Il y a quelques années, Julius m'a dit que le meilleur conseil que sa mère lui ait donné était: 'Fais-toi un nouvel ami chaque jour'. À Mathare, un bidonville gigantesque de Nairobi, ils sont nombreux à être ses amis aujourd'hui. Pas parce qu'il leur a promis quelque chose ni parce qu'il a de l'argent ou du pouvoir. C'est parce qu'en sa compagnie, on a l'impression que les choses deviennent possibles. On ne sait pas si elles le sont réellement, mais on a envie d'essayer. Essayer d'autres choses. Fort de cette énergie et de cette généreuse amitié, il a convaincu des jeunes, qui voulaient d'abord jouer au foot, de commencer à ouvrir leur regard par la photographie.

Si vous avez envie de vous faire des amis à Mathare, ce livre photo est votre meilleur compagnon.

Bienvenue là-bas.

FRÉDÉRIC JACQUEMIN

Direction of the collection / Collectie onder leiding van / Direction de la collection :
Frédéric Jacquemin

On an initiative of / Op initiatief van / Sur une initiative de :
Mirko Popovitch

Editing coordination / Redactiecoördinatie / Coordination éditoriale :
Mirko Popovitch, Bjorn Maes, Carin Leclercq, Audrey Brisack

Photographs / Foto's / Photos :
© Judith Atieno, James Chemose, Leila Dayan, Peter Gikonyo, Joseph Kinyua, Elijah Mumo, Mary Muthoni, Antony Mwelu, Julius Mwelu, Raymond Ochieng, Stephen Ochieng, Maxwell Odhiambo, Kennedy Okore, Rodgers Oluoch, Simon Onyango, James Otieno, Moses Ouma, Abdi Shafi, Alexander Thongo, Christine Wangui

Texts / Teksten / Textes :
Billy Kahora

Selection of the photographs / Selectie van de foto's / Sélection des photos :
Julius Mwelu, Mirko Popovitch, Raf Thienpont

Biographical notes / Biografische notities / Notices biographiques :
Julius Mwelu, Mirko Popovitch, Carin Leclercq

Editing and proofreading / Tekstcorrecties en nalezing / Correction des textes et relecture :
Henry Landroit, Carin Leclercq, Bjorn Maes, Dorine Rurashitse, Patricia Van de Velde, Guy Poppe

Graphic design / Grafische vormgeving / Conception graphique :
www.raf-thienpont.be

Translations / Vertalingen / Traductions :
Vertaalbureau Alfabet, Katelijne De Vuyst, Tina Noiret

Publishers / Uitgevers / Editeurs :
Africalia asbl/vzw, Stichting Kunstboek

Printing / Druk / Impression :
PurePrint

Editor-in-chief / Verantwoordelijke uitgever / Editeur responsable :
Gie Goris, 13 rue du Congrès, 1000 Bruxelles

Thanks to / Met dank aan / Merci à :
Mick Bourguignon, Neal Burton, Françoise De Moor, Paul Lira, Sven Mollet, Charlotte Morantin, Embassy of Belgium in Kenya : Pieter Leenknegt, Bart Ouvry

Julius Mwelu and the Mwelu Foundation would like to thank / Bedankt van harte / Remercie :
Manoocher Deghati, Emerald Kalama Chemical BV, Tom and Phillips Family, Jasper Groen, Jihan Kim, Seong-Kyun Kim, KLM Wings of Support, MYSA Shoot Back, Maurice Olivier, David Parker, Sarah Noyes Parker, Tiggie Parker, Susan Soddu, Rene Verkaart, Lana Wong

And their partners / En zijn partners / Et ses partenaires :
Foto Club de Broederschap, Kuruka Maish Foundation, Mathare Youths Sports Association, Nordic Young Film Festival, Open Cinema, Stoere Binken Design, Slum TV

Copyrighting – Royal Library / Depotnummer – Koninklijke Bibliotheek / Dépôt Légal – Bibliothèque Royale de Belgique :

D/2014/6407/1

ISBN :
978-90-5856-403-0

Info
www.africalia.be – 00 32 2 412 58 80 – africalia@africalia.be

CONTENT / INHOUD / SOMMAIRE

The narratives – imaginary, themed, captions. Love – a teddy bear cast in patched rust, clothes-lined. Work/Opportunity. *Yaani, works za Mathare* (Mathare's Economy and Working Life) -a man squats in a car bathed in rains not an hour old, a victim of poor drainage, the man in entreaty, pull me out. Residents negotiate back a rate. *Tutaku-sort. Ukitu-sort* (We will help you if you pay us). 'To sort' is to pay.

This book is Nairobi neo-realism writ large. Mathare's life-subjects, character(ed) in function, framed mostly in work/activity/opportunity. Or living, un-separated by work. This is Work-life. Imaging as Necessity, Function. Painting a world of essentials. A girl in mid-smile, holed through Africa - shape, torn into *mabati* (metal sheet). The stomach lives everywhere in the images. It is also *kazi* (work). Bizness. Oranges. *Michugu* (The cooked head of a chicken). Cow hooves. Livestock Innards. River-fresh *kunde* (bean). *Sukuma wiki* (daily stimulant). *Terere* (An edible leaf). *Hapa ni mapambano* (Here, life is hard), *unaji-sort* (You help yourself out) - *life ya mtaa ni poa* (Life in the neighbourhood is great). 2007 ninja turtle clothed policemen once poor youth bring violence. Herbal health. Retail street-food. Not too faraway, more greens -a pic of *Muguka* (The leaves of the khat plant). Urban Kenya's amphetamine. Another Free crowded primary school, old images of a then new hope. Deliverance by rust iron-roofed religion and worship. Then, all fire-crumpled by disputed elections, laid to waste by ethnic emotion, possibly remote-controlled from afar, the drawing rooms of political Kenya rain havoc on the people. Not in distance but in class-reality – Nairobi towers minutes away. Normal service hardly ever resumes here.

Water offers a life-line, in queues of never-ending plastic, enroute to a solitary tap serving hundreds. Nearby kids hurl themselves into the spine river, downstream, bursting from the rains. A pipe bursts into the sky and hundreds watch, thrust plastic receptacles into the watery cascade. Water is life, poverty is violence, however immobile. And when let loose whatever the excuse, it rages without impersonal abbreviations. PEV (Post Election Violence).

De verhalen – denkbeeldig, thematisch, momentopnames. Liefde – een teddybeertje aan een waslijn, tegen een roestig lappendeken van gehavende golfplaten. *Yaani, works za Mathare* (Economie en arbeidsleven in Mathare) – een man zit vast in een auto die verzuipt in het meer gevormd door een stortbui van amper een uur, een slachtoffer van slechte waterafvoer, de man smeekt: haal me hieruit. Omstaanders bedingen een prijs. *Tutaku-sort. Ukitu-sort* (We helpen je als je ons betaalt). 'Sort' is betalen.

Dit boek is de uitvergrote, neorealistische afspiegeling van het bestaan in Nairobi. De inwoners van Mathare in hun dagelijkse beslommeringen, aan het werk of bezig te zijn. Dit is Leven(s)werk. Beeldvorming als Noodzaak, Verbeelding als Functie. De schildering van een wereld van essentiële dingen. Een meisje met een brede glimlach, in een Afrikavormig gat uit een stuk *mabati* (vel plaatijzer) gescheurd. De maag schemert in alle beelden. Het is ook *kazi* (werk). Business. Sinaasappelen. *Michugu* (de gekookte kop van een kip). Koeienhoeven. Ingewanden van vee. Rivier-verse *kunde* (boon). *Sukuma wiki* (dagelijkse stimulans). *Terere* (eetbare bladgroente). *Hapa ni mapambano* (Het leven is hier lastig), *unaji-sort* (Zoek het zelf uit) – *life ya mtaa ni poa* (Het leven in deze buurt is fantastisch). 2007 als ninja-turtles geklede politieagenten – ooit zelf arme straatjongens – zaaien terreur. Kruidengeneeskunde. Eetstalletjes langs de straat. Niet te ver ervandaan, een stapel onbestemde groente – een foto van *muguka* (Blaadjes van de qat plant). De amfetamines van stedelijk Kenia. Nog een Vrije overbevolkte lagere school, oude beelden van toentertijd nieuwe hoop. Bevrijding onder een roestig plaatijzeren dak van godsdienst of aanbidding. Verzengd door betwiste verkiezingen, in puin door etnische geschillen, mogelijk gedirigeerd vanop afstand. De ontvangstkamers van politiek Kenia zorgen voor de ondergang van het volk. Geografisch vlakbij maar mijlenver in klasseverschilstaan de torens van Nairobi maar een paar minuten hiervandaan. Een normale dienstverlening bereikt deze plek vrijwel nooit.

Water is een levenslijn, in rijen van oneindig plastic, op weg naar een eenzaam kraantje dat honderden moet gerieven. Vlakbij buitelen

Des récits à thème, imaginaires, sous-titrés. L'amour – une peluche sur une corde à linge dont le sort est lié à la rouille rapiécée. Travail/Opportunité. *Yaani, works za Mathare* (Économie et vie professionnelle à Mathare) – un homme accroupi dans une voiture piégée par des pluies qui ont moins d'une heure, victime du manque d'évacuation des eaux. L'homme supplie, tirez-moi de là. Les habitants marchandent un tarif. *Tutaku-sort. Ukitu-sort* (Nous t'aiderons si tu nous paies). "Régler, c'est payer".

Ce livre, c'est le néo-réalisme de Nairobi en concentré. Les personnages de la vie quotidienne de Mathare, caractérisés par leur fonction, montrés pour la plupart au travail, en activité ou à d'autres occasions. Destinée, inséparable du gagne-pain. C'est la réalité du travail. Images de la nécessité, de la fonction. Peinture de l'indispensable. Une jeune fille au sourire mitigé, déchirée, à l'image de l'Afrique transformée en tôle ondulée. L'estomac parle partout à travers les images. C'est aussi le *kazi* (boulot). Bizness. Oranges. *Michugu* (têtes de poulet cuites). Sabots de vache. Entrailles de bétail. *Kunde* (haricot) frais de la rivière. *Sukuma wiki* (le stimulant quotidien). *Terere* (plante comestible). *Hapa ni mapambano* (la vie est difficile par ici), *unaji-sort* (cherche par toi-même) - *life ya mtaa ni poa* (la vie dans ce quartier est fantastique).

2007, quand la jeunesse pauvre amène la violence, les policiers se déguisent en tortues ninja. La santé par les herbes. Vente de nourriture dans la rue. Un peu plus loin, plus de légumes – une image du *Muguka* (les feuilles de la plante de khat), l'amphétamine du Kenya urbain. Une école primaire gratuite, surpeuplée, vieille image d'un espoir alors nouveau. Délivrance par le toit de tôle rouillée de la religion et de la dévotion. Et puis, le tout réduit en cendres par le feu des élections contestées, mené à sa perte par l'émotion ethnique, probablement manipulée de loin, les salons du Kenya politique déversent leurs ravages sur la population. Les tours de Nairobi ne sont qu'à quelques minutes d'ici. La distance n'est pas géographique mais sociale. Le service normal n'existe jamais ici.

Mathare by night. An iron sheet plain shaped by the valley. Houses low-squat, under shiny-eye Adopt A Light towers. Yellow sepia washed with city neon twinkles in the city's night horizon faraway then levels in the valley, iron sheet plain. By night, this world is all skin-surface, rippling iron sheet, its intestines covered. The people in hiding.

Mathare shop fronts suggest a new valley-language. *Keg Senator* (a local beer). *Uncle Says Video Shop.* Rippling comic sans mabati-adapted. Houses, mostly bed-caves hold a radio, a pre-flat Samsung screen T.V., feet stretched out, boxed in, night-retreat enclosured. The small restaurants, everyman's sitting room. Main streets serve as squatting, standing space, a never-ending stoop. Side streets wash clothes and children. Hold all household transactions. Peering eyes blink in pleasure, faces wash down in tears. Unhidden to camera.

Time is space-shrunk by open-ness. Faces slack from lack, opened up by the non-existent 'Private' signs or the very idea. And here, the lens shows bodies adapted to the open-ness, that relax onto self. Embracing the Other. But also in others, this close-ness, open-ness lashes back in violence and crime. Reported in the daytime graffiti art. Vice.

By the river's banks, the black drums hulk, suppressed, then spew vapour – *Chang'aa* (a locally brewed gin) infrastructure. *Assess na macho* (Just look quickly) – do not stand by the bridge too long and stare if you are a visitor. Or you'll have to pay. *Utatu-sort.* Instead, watch the Nairobi River battle the valley. Wind its way through the consumed detritus. *Mkokotenis* (Push cart / hand cart) deliver fashion. Moving *gikombas* (a local flea market). It rains with mixed blessings, for the water never drains, people skip impossibly wide waters.

All these are all of Mwelu Foundation's visual narratives of its home-valley. In this book, away from our media and development-simulated images of the signifier we've come to imagine as 'Mathare', the latter is 'refreshed'.

And all these images are taken from day to day Mathare, where the river shapes, spines, the valley. Always has since the valley's

kinderen in de door stortregens gezwollen rivier, een ruggengraat, stroomafwaarts. Een leiding barst open in de lucht en honderden kijken toe en duwen hun plastic bekers en flessen onder de spattende waterval. Water is leven, armoede is geweld, nochtans onbeweeglijk. En als het om welke reden ook losbreekt, raast het woedend om zich heen, wars van onpersoonlijke afkortingen. PEV (Post Election Violence).

Nachtelijk Mathare. Een golfplaten vlakte gevormd door de vallei. Lage huisjes hurken onder het blinkende oog van 'Adopt A Light'-torens. Geel sepia, gewassen door stedelijke neon-verlichting, twinkelt ver weg in de duistere stadshorizon en strijkt over de ijzerplaten vlakte van de vallei. 's Nachts is deze wereld louter huid, gerimpelde ijzerplaten die ingewanden verhullen. De mensen verschuilen zich.

De winkelborden van Mathare leggen een nieuwe valleitaal voor. *Keg Senator* (lokaal bier). *Uncle Says Video Shop.* Voortkabbelend *comic sans*-lettertype geschikt voor *mabati*. Huizen, eigenlijk bedstedes, met daarin een radio, een Samsung-tv uit het pre-flatscreen tijdperk, voeten hangen naar buiten, ingekapseld nachtelijk onderdak. De restaurantjes, woonkamer van jan-en-alleman. Hoofdstraten die als zit- en staanplaats dienen, een eindeloze stoep. Zijstraten overspoeld door kleren en kinderen. Alle huishoudelijke transacties vinden er plaats. Starende ogen die blinken van de pret, gezichten nat van de tranen. Openlijk voor de camera.

De openheid heeft de ruimtelijke tijd doen slinken. Gezichten getekend door ontbering, open voor iedereen, want bordjes met 'privé' erop vind je hier niet, zelfs het idee van privacy is onbestaand. Dus onthult de lens lichamen die zich hebben aangepast aan de openheid, die berusten. De Ander omarmen. Maar die nabijheid, die openheid kan bij anderen omslaan in geweld en misdaad. Waarvan de graffiti-kunst overdag getuigenis aflegt. Crimineel.

Bij de oever van de rivier pruttelen zwarte vaten, onder druk, dan opeens spuwen ze stoom uit – geïmproviseerde *Chang'aa* (Plaatselijk gebrouwen ginsoort) brouwerij. *Assess na macho* (Je moet een snelle blik werpen) – blijf niet te lang staan staren bij de brug als je een bezoeker

L'eau offre une planche de salut, dans le défilé ininterrompu de plastique, en route vers l'unique robinet qui dessert des centaines d'individus. À proximité, des enfants se jettent avec fougue et à contrecourant dans la rivière sortie de son lit. Une canalisation a éclaté à ciel ouvert et des centaines de gens regardent et fourrent des bidons dans cette cascade aquatique. L'eau, c'est la vie, la pauvreté est violence... quoiqu'immobile. Et quand on la laisse croître, quelle qu'en soit l'excuse, elle fait rage... de manière impersonnelle. PEV (Post Election Violence).

Mathare la nuit. Une plaine de tôle ondulée façonnée par la vallée. Les maisons basses, les squats, sous l'œil brillant des tours couvertes d'enseignes aux images "Adopt A Light". Le jaune sépia lavé par les néons de la ville scintille à l'horizon de la nuit urbaine et plus loin les terrains plats dans la vallée semblent vêtus de fer. La nuit, ce monde est comme une surface de peau ondulée par des draps de tôle, ses entrailles couvertes. La population se cache...

Les polices utilisées dans les noms des boutiques de Mathare suggèrent un nouveau langage dans la vallée. La bière *Keg Senator*. La vidéothèque *d'Uncle says* [...] Les petits restaurants sont les salons de monsieur tout le monde. Les artères principales servent de squats, lieux dédiés à lanterner, un perron sans fin. Les petites rues sont vouées au nettoyage, vêtements ou enfants, peu importe. Elles détiennent le monopole des tâches domestiques. Regards fixes brillants, les visages se lavent dans les larmes, à la vue de tous.

Le temps est rétréci par l'écartement de l'horizon. [...]

Au bord de la rivière, les carcasses de bidons noirs s'arrêtent puis recrachent de la vapeur – installation pour le *Chang'aa* (alcool frelaté) – Fais attention à toi mec, si tu es un visiteur ne reste pas trop longtemps sur le pont à observer. Sinon, tu vas devoir payer. *Utatu-sort.* Regarde plutôt la rivière de Nairobi se démener dans la vallée, se frayer un chemin parmi les détritus. Les *Mkokotenis* (Charrettes à bras) livrent la mode. Le marché aux puces *Gikombas* est en mouvement.

beginnings. It channeled lives, the ever-growing direction-stream of iron sheets, the mud paths in which settling lives took to, villages built. The design of things, bloating in July, shoring up the same rust iron sheet, wadded paper, sweeping even paths away, lives that settled here. Up to where the higher ground made the valley small, Juja road, the border. Between higher and ground and Juja Road, the river stretched like an early riverine civilisation. All these are the unchanging realities. At least for the 42 boys and girls that are part of the Mwelu Foundation and this book.

Above the ever-stretching valley, hundreds of people, almost choking the River, always arriving, blown in by hope's winds from national 'everywhere', settling in this large hollow. *NyumbaMatharenisawtatu* (Rent in Mathare is three hundred shillings). Then, with time the people becoming the slinking river, stretching with the things they acquire and build. Mwelu boys and girls growing with their football and photographer dreams lived in an increasingly growing search to scramble out of the valley. Singing :'every day I'm hustling'. Criss-crossed lives in a warren as shown by overhead shots, the outbound plane. Not clichéd teeming. But opportunity searching, harrying. Gazes, yes from the outside, but life-force busy. In and out, squeezed by '*Road Juja*' (Main road along the informal settlement of Mathare). But expanding within these necessities. Beating against each other.

Mwelu Foundation girls and boys refit themselves and their stories into the lens. Into new possibilities. Of the now, hundreds of people in the valley ghetto. Of the tens, of channel-corridors of the river valley people. In between the hundreds of iron sheet life-cubicles, mud wall needs and wants. They point and shoot. Point and shoot. School. Home. Night. Between Sky and Iron Sheet Roof level. Street. The 42 boys and girls at Mwelu point-and-shoot eyes take their valley-slum and make it something they can understand. Ghetto. And shoot and shoot and shoot. They shoot into lives and take to the corridor streets. Create images of the swirls and eddies in the valley. The 'Mwelu' eyes see and record. And channel purpose into the 42 lives. Create hundreds of stories. Create days and days of record.

bent. Of je moet betalen. *Utatu-sort*. Kijk liever hoe de Nairobi Rivier de vallei inneemt. Zich slingerend een weg baant tussen het halfverteerde afval. *Mkokotenis* (handkar / stootkar) leveren modeartikelen. *Gikombas* (markt in Nairobi, voor tweedehandskleren) op wieltjes. De regen wordt op gemengde gevoelens onthaald, want het water vloeit maar moeilijk af, mensen moeten over onmogelijk brede plassen springen.

Elke foto vertelt een weer een ander apart verhaal uit de thuisvallei van de Mwelustichting. Het boek blijft ver weg van de NGO-clichés en de gefotoshopte mediabeelden van wat moet doorgaan voor 'Mathare'. Dit boek biedt ons een 'frisse kijk' op het stadsdeel.

En al die beelden uit het dagdagelijkse Mathare, getrokken waar de rivier als een ruggengraat door de vallei stuwt. Van oudsher, sinds de vallei ontstond. Hij kanaliseerde levens, de eeuwig aangroeiende stroom plaatijzer, de modderpaden waarlangs levens aanspoelden, dorpen werden gebouwd. Het ontwerp van de dingen, uitdijend in juli, hetzelfde roestige plaatijzer stuttend, opgepropt papier, dingen waaronder zelfs de paden verdwijnen, en de levens die zich hier settelden. Naar boven toe waar de hoger gelegen gebieden de vallei versmallen, met Juja Road als grens. Tussen hoog en laag, van de Jujaweg tot de rivier, deinde de stroom uit als een vroege rivierbeschaving. Een nederzetting als onveranderbare werkelijkheid. Toch voor de 42 meisjes en jongens die deel uitmaken van de Mwelustichting en dit boek.

Boven de eindeloos lange vallei, honderden mensen die de rivier haast verstikken, die voortdurend aankomen, met zakken vol goede hoop uit alle windstreken van het land, en die zich vestigen in dit reusachtige dal. *Nyumba Matharenisawtatu* (De huurprijs Mathare bedraagt driehonderd Kenyaanse shilling). Mettertijd vallen de mensen samen met de slinkende rivieren worden deel van wat ze verwerven en opbouwen. Mwelu jongens en meisjes met hun dromen van voetbal en fotografie, zoeken naar een weg om uit de vallei te breken. Ze zingen : 'Every day I'm hustling' ('Opzij opzij opzij, wij hebben ongelofelijke haast'). Schots en scheve levens in een mierennest, gekiekt vanuit vogelperspectief, een vliegreis zonder retour. Geen banaal gewriemel. Maar een zoektocht naar geluk, een strooppartij. Starende blikken, ja van buitenaf bekeken, maar

La pluie n'est pas toujours bonne pour les hommes, car l'eau n'est jamais évacuée et les gens évitent des flaques plus larges que la moyenne des mares.

Vous avez devant vous tous les récits imagés de la vallée natale de la Fondation Mwelu. Ce livre, vision rafraichie, est bien loin de ce que les médias et les clichés du développement donnent à imaginer de "Mathare".

Ces images sont prises au jour le jour, là où la rivière forme, telle une épine dorsale, la vallée, comme elle l'a toujours fait depuis la nuit des temps. Elle a acheminé des vies, dans le courant toujours croissant des feuilles de tôle, entre des chemins de boue, là où une culture mi-fluviale s'est développée. Ce sont des réalités immuables. Au moins pour les quarante-deux garçons et filles qui font partie de la Fondation Mwelu et de ce livre.

Par-dessus la vallée qui s'étend, des centaines de personnes étouffent quasiment la rivière et arrivent toujours plus nombreuses. Les vents de l'espoir national leur ayant insufflé de s'installer dans ce large creux. *NyumbaMatharenisawtatu* (le loyer à Mathare est de trois cents shillings kenyans). Avec le temps, ces gens deviennent subrepticement comme une rivière furtive, ils prolifèrent avec les biens qu'ils acquièrent et construisent. Les enfants de Mwelu grandissent avec leurs rêves de football et de photographie et vivent désormais dans la recherche éperdue de s'échapper de la vallée. Chantant le hit : *"every day I'm hustling"* (chaque jour, je me débrouille). Vies croisées dans un terrier comme révélé par des photos aériennes, avions en partance. Ne cherchant pas à maintenir ces clichés. Mais plutôt, pressés, à la recherche d'opportunités. Des regards extérieurs, oui, mais pleins de force de vie. Dedans comme dehors, pressés par la "*Road Juja*" (seule rue officielle à Mathare). Comment se développer à l'intérieur de ces contraintes ? En se battant les uns contre les autres.

Les filles et les garçons de la fondation Mwelu et leurs histoires s'ajustent à travers l'objectif. Vers de nouvelles possibilités. Pour le moment, des centaines de personnes dans la vallée ghetto,

Mwelu's recognition that the story must continue to be told by the next generation drew others, younger boys and girls, into the story-telling, image-building exercise. At first, just four of them, then nine. And these formed the Friends Of Mwelu. And eventually the Mwelu foundation. Unlike the stories that are drawn from out there and reformatted to fit prejudices, commerce, development, media porn, there are no pre-judged themes, their lenses are open. These photos are the story of that living and wanting to leave - passport and indictment. But also, albums of the positive. And again the story is re-told. The stories from the 42 Mwelu Foundation kids are part of the change – and they continue to build the visual and textual narratives of Mathare. And this book.

BILLY KAHORA

indringend levenskrachtig, nimmer rustend. In en uit, geprangd door de '*Juja Road*' (hoofdweg langs de sloppenwijk Mathare). Voortdurend aanwassend ondanks de hindernissen. Tegen elkaar aanbotsend.

De meisjes en jongens van de Mwelustichting geven voor de lens een nieuwe versie van zichzelf en hun verhalen. In het licht van nieuwe mogelijkheden. Van het nu, honderden mensen in het getto van de vallei. Van de tientallen kanaalsteegjes van de mensen uit de riviervallei. Tussen honderden plaatijzeren woonruimtes, de behoeften en verlangens hokkend tussen muren van leem. Ze richten en schieten. Richten en schieten. De school. Thuis. De nacht. De lens speurend tussen Hemel en Plaatijzeren Daken. De straat. De richt-en-schiet-ogen van de 42 jongens en meisjes in de Mwelustichting maken plaatjes van hun sloppenvallei en vormen haar om tot iets wat ze begrijpen. Getto. En schieten, en schieten maar. Ze schieten plaatjes van mensenlevens en slaan de steegjes in. Maken beelden van het kolkende, wemelende bestaan in de vallei. De 'Mwelu'-ogen zien en registreren. En bieden 42 levens een reden van bestaan. Maken honderden verhalen. Verslagen en opnames van dagen en dagen.

Mwelu's overtuiging dat het verhaal ook door de volgende generatie verteld diende te worden, zette anderen, jongere jongens en meisjes, ertoe aan op hun beurt verhalen en beelden te maken. Aanvankelijk waren ze met zijn vieren, daarna met zijn negenen. Ze vormden de 'Vrienden van Mwelu'. En uiteindelijk de Mwelustichting. In tegenstelling tot de opgesmukte verhalen die beantwoorden aan clichés, commercie, ontwikkelings NGO's en rioolpers, bevatten de door hen aangekaarte thema's geen vooroordelen, zij kijken met een open blik door de lens. De foto's vertellen het verhaal van hun leven en hun verlangen om eraan te ontsnappen – ze dienen als vrijbrief en aanklacht. Maar tegelijkertijd brengen ze een positief verhaal. Dat opnieuw wordt verteld, in een andere versie. De verhalen van de 42 jongeren uit de Mwelustichting maken deel uit van de verandering – ze leveren een bijdrage tot de visuele en narratieve beeldvorming van Mathare. En tot dit boek.

BILLY KAHORA

des dizaines, parmi les canaux-corridors de la vallée. Mitoyens des cabines en plaques de tôle, les murs de boue requièrent et désirent. Ils visent et tirent. Visent et tirent. Avec leur appareil photo. École. Maison. Nuit et jour. Entre Ciel et Toits d'acier. Rue. Les quarante-deux jeunes aux yeux revolvers pointent et captent le portrait de leur bidonville, en réalisant quelque chose qu'ils comprennent. Ghetto. Et ils tirent, tirent, tirent encore. Ils tirent dans les vies et s'emparent des rues-corridors. Ils créent des images des remous et tourbillons de la vallée. Les "yeux de Mwelu" voient et retiennent. Et canalisent le but de quarante-deux vies. Créent des centaines d'histoires. Créent des jours et des jours d'enregistrement.

Faire en sorte que l'histoire continue à être contée en images par les générations futures et à leur tour transmise par de plus jeunes est la source d'inspiration de Mwelu. Au début, ils étaient quatre, puis neuf. Et ceux-là formèrent les Amis de Mwelu. Et finalement la Fondation Mwelu. Contrairement aux récits qui proviennent d'ailleurs et reformatés pour concorder avec les préjugés, le commerce, le développement, l'infobésité (voyeurisme des médias), il n'y a ici pas de thèmes partiaux, leurs lentilles sont ouvertes. Ces photos sont l'histoire de ceux qui vivent et veulent partir - passeports et visa. Mais ce sont aussi des portfolios positifs. Et une fois de plus, l'histoire est "re-dite" et celle des "Quarante-deux Mwelu Kids" fait partie du changement – Et ils persévèrent à construire l'histoire visuelle de Mathare. Et ce Livre.

BILLY KAHORA
(traduction interprétée)

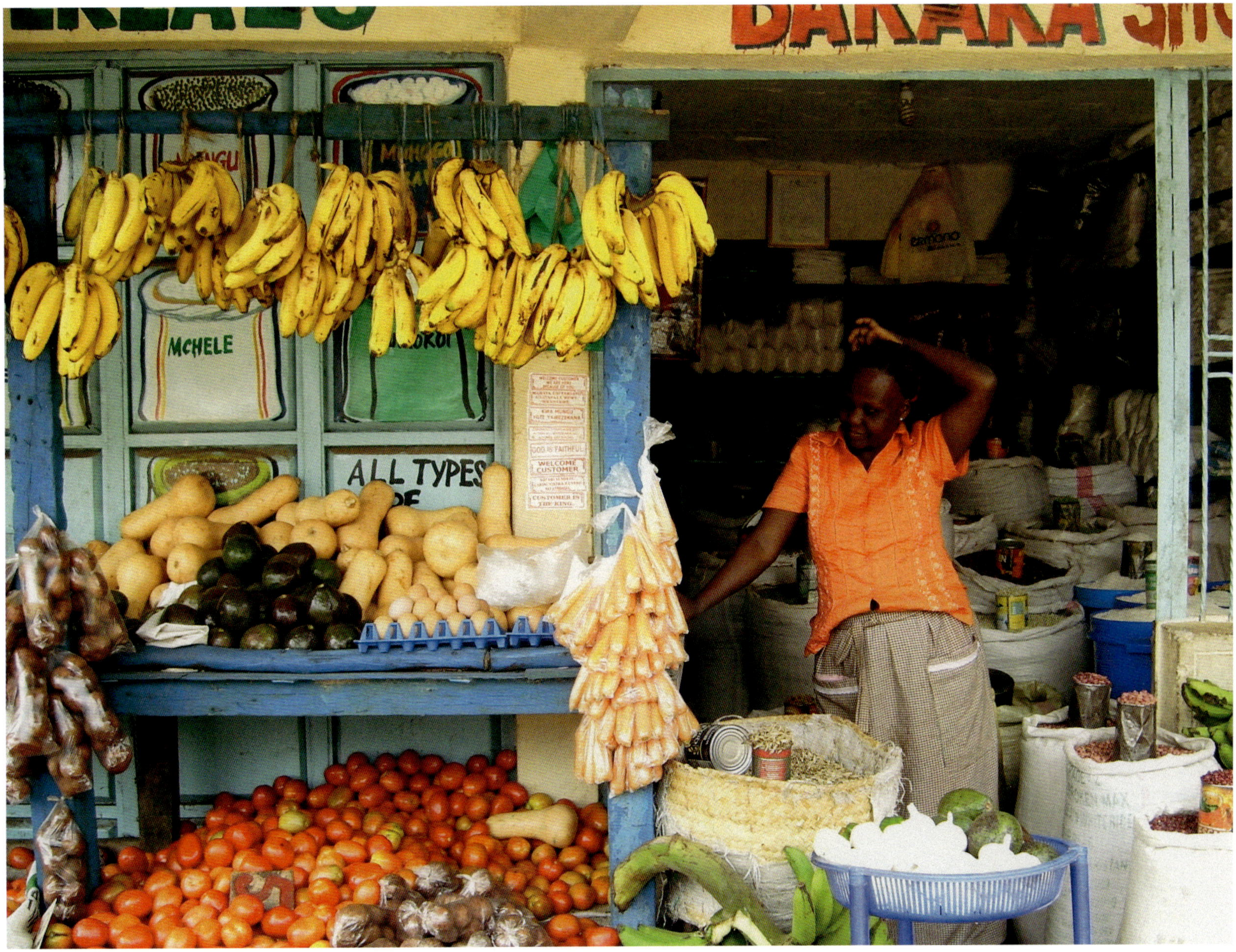
MCHELE
ALL TYPES
GOD IS FAITHFUL
WELCOME CUSTOMER

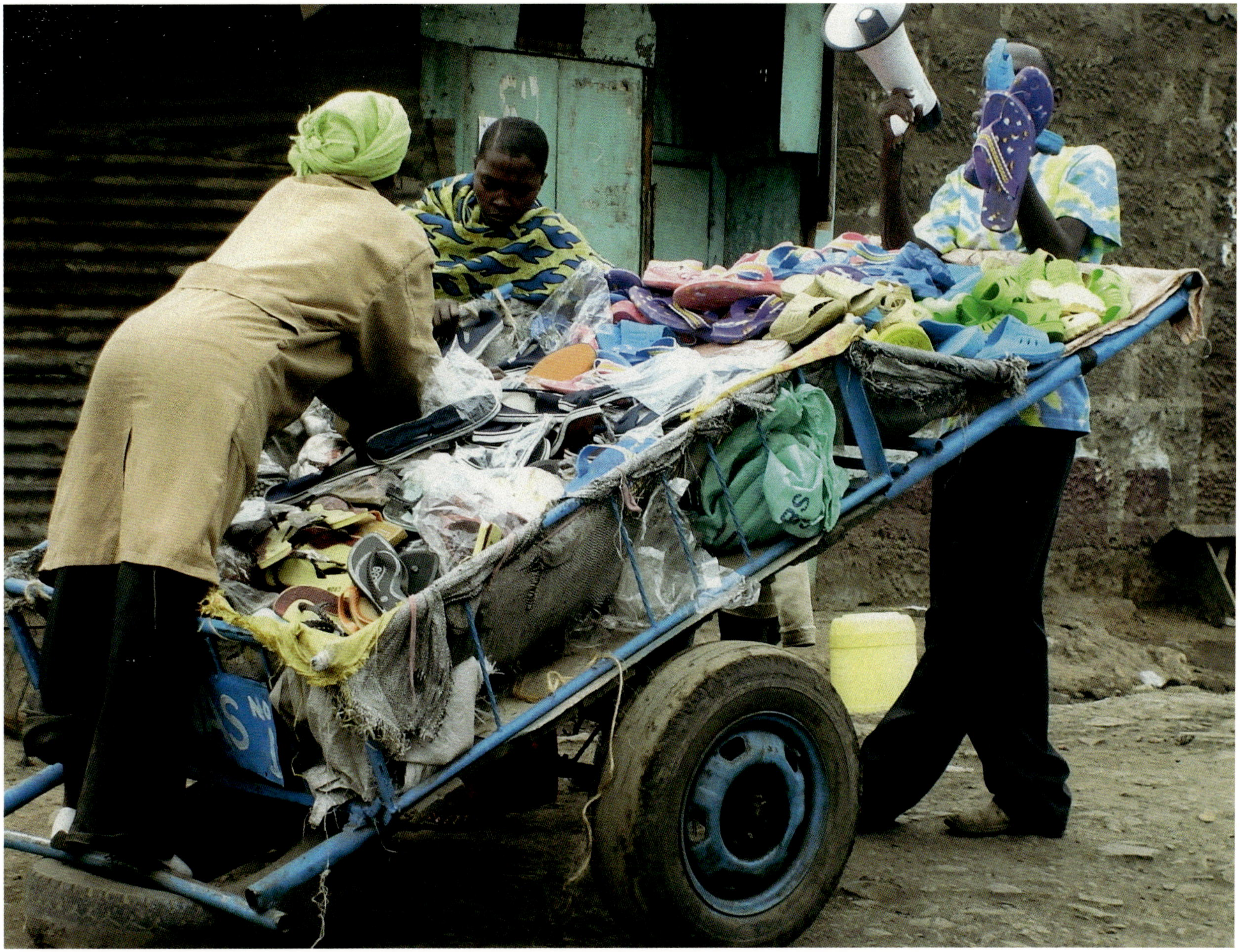

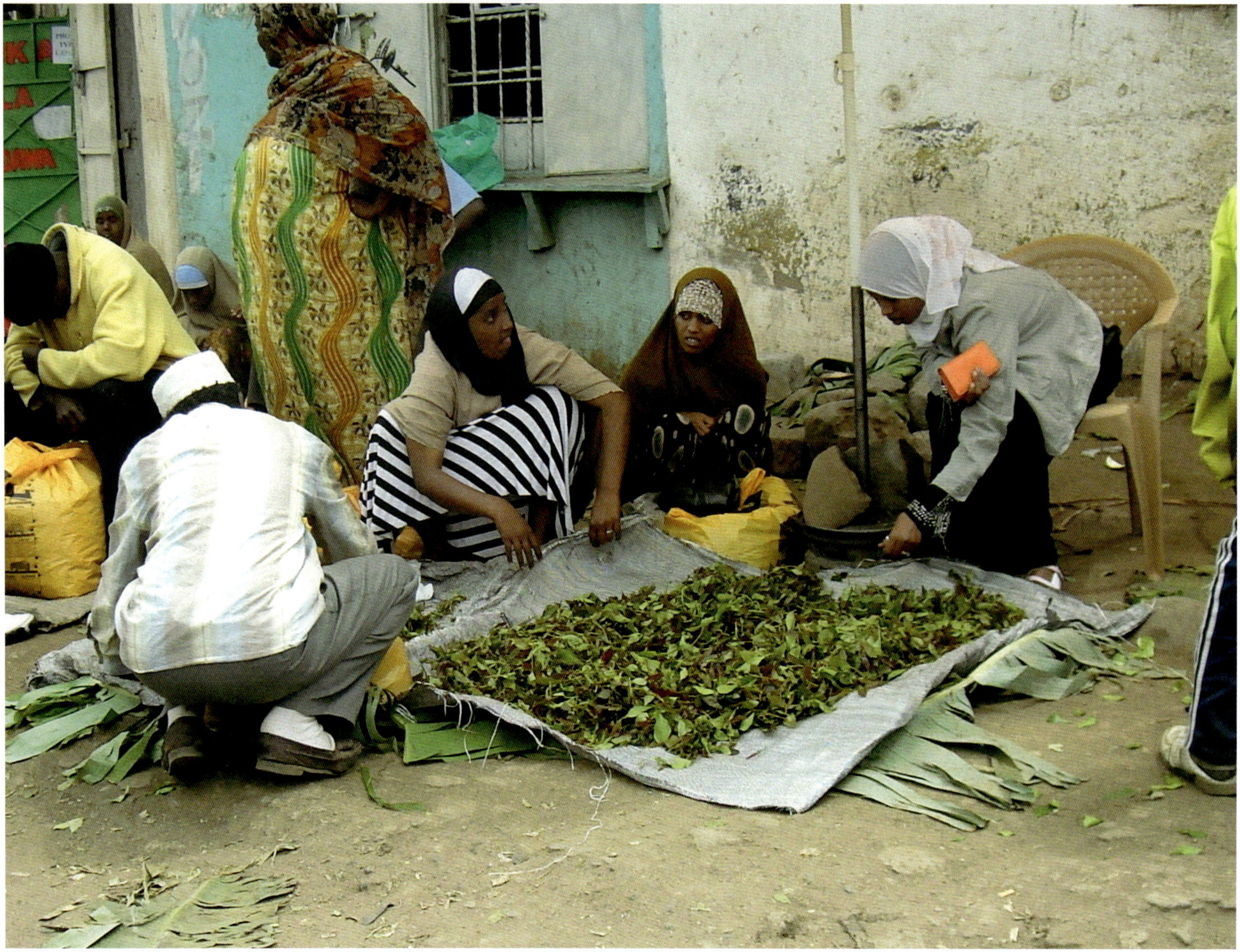

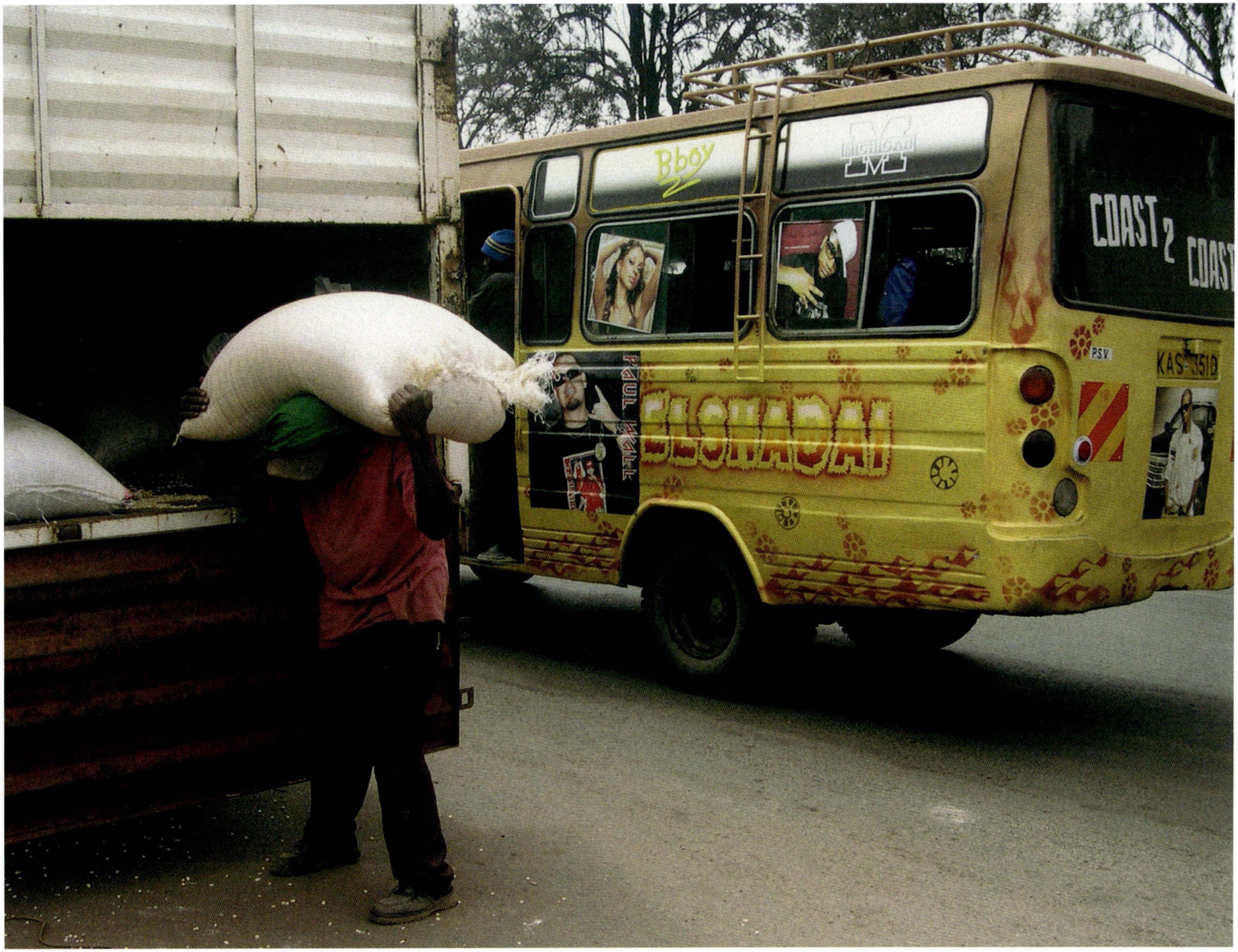
Bboy
MICHIGAN
COAST 2 COAST
PAUL WALL
ELSHADAI
PSV
KAS 351D

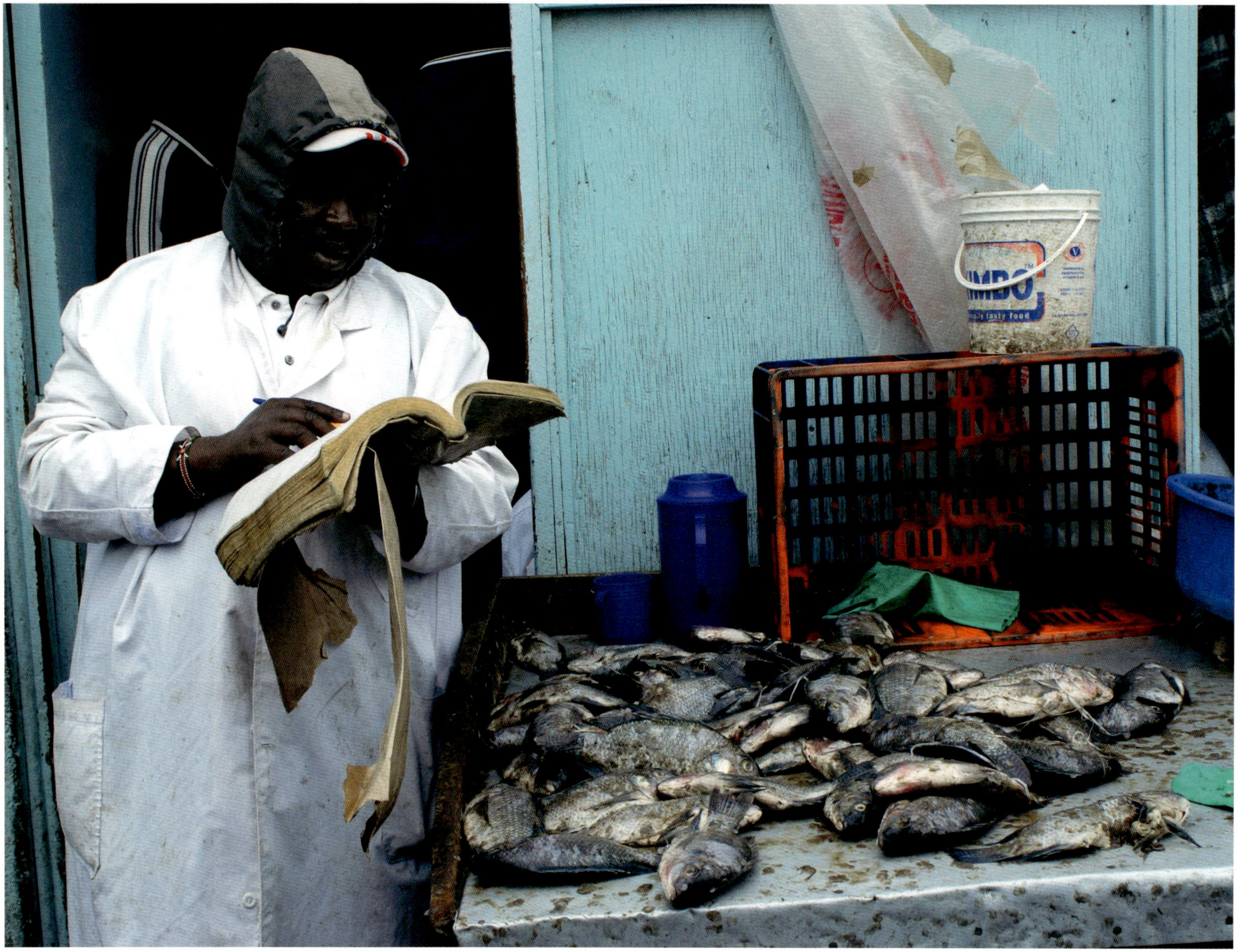

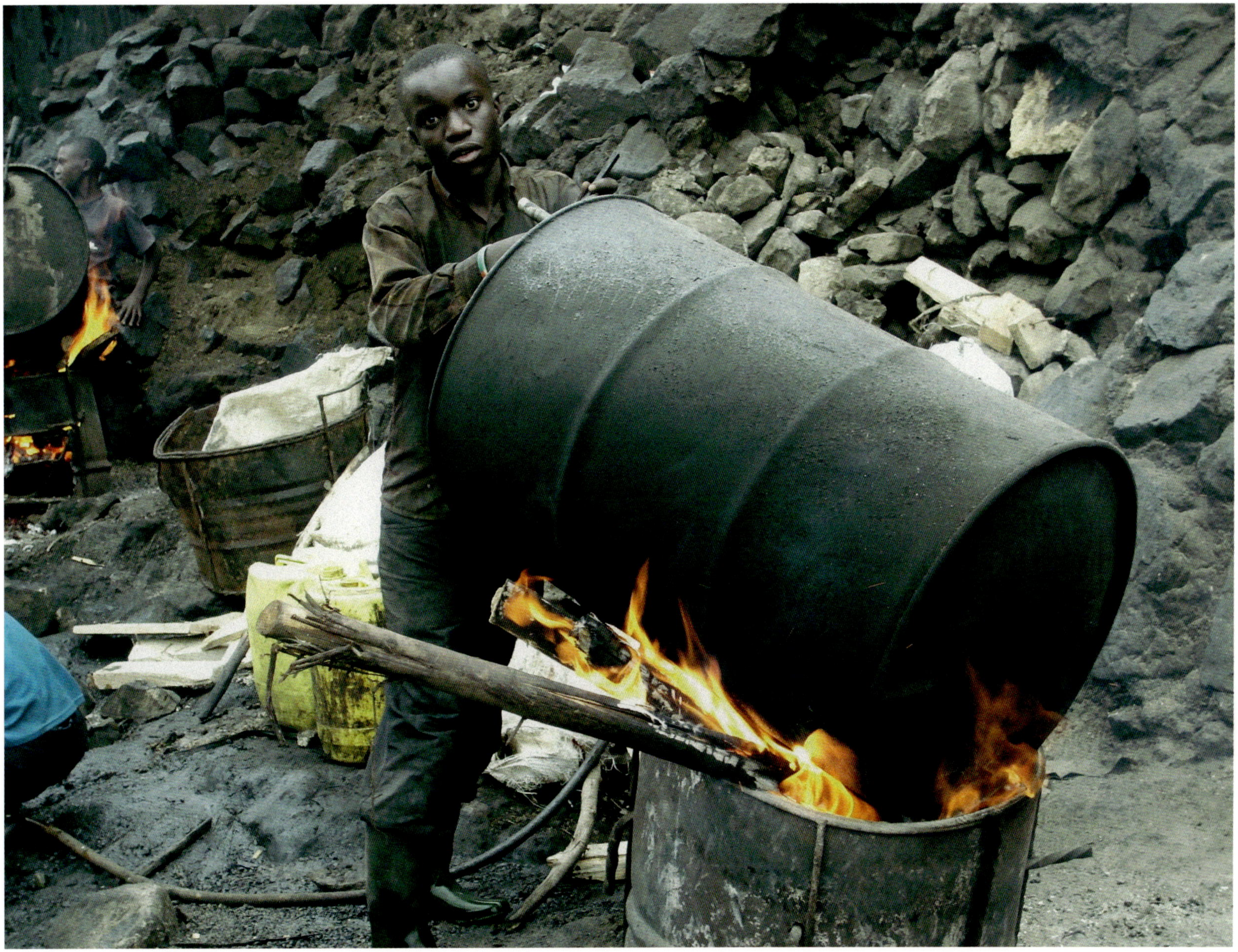

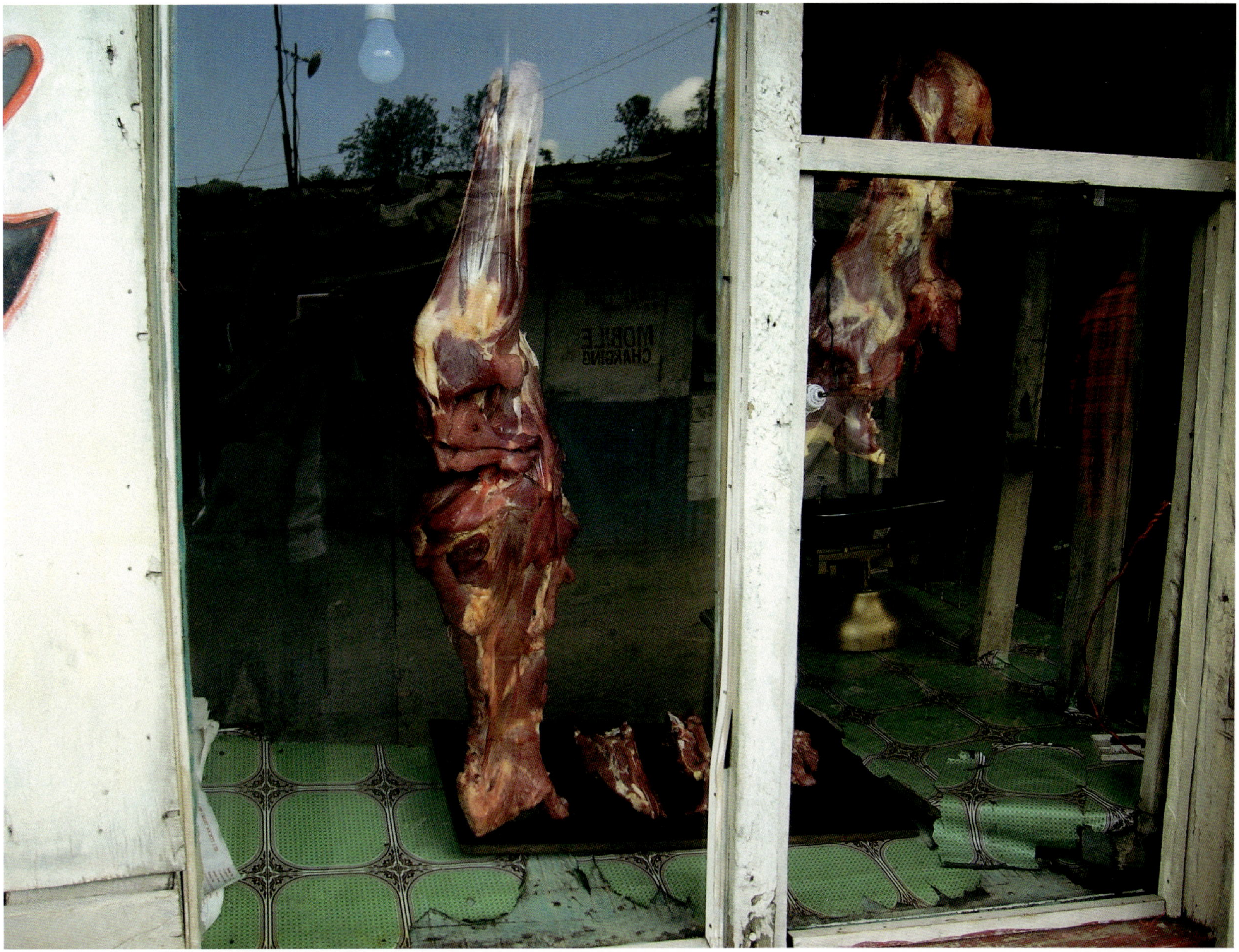

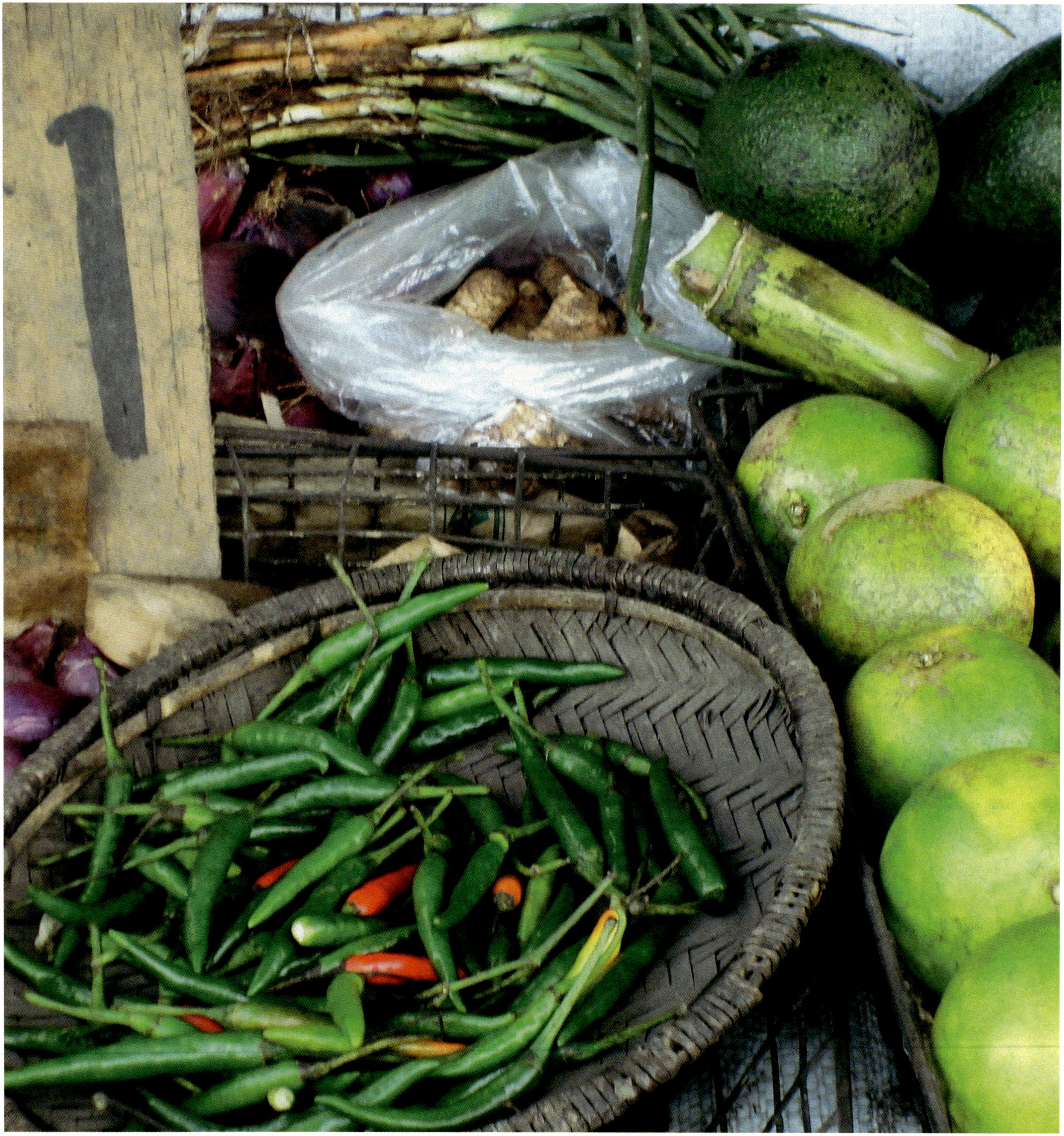
1

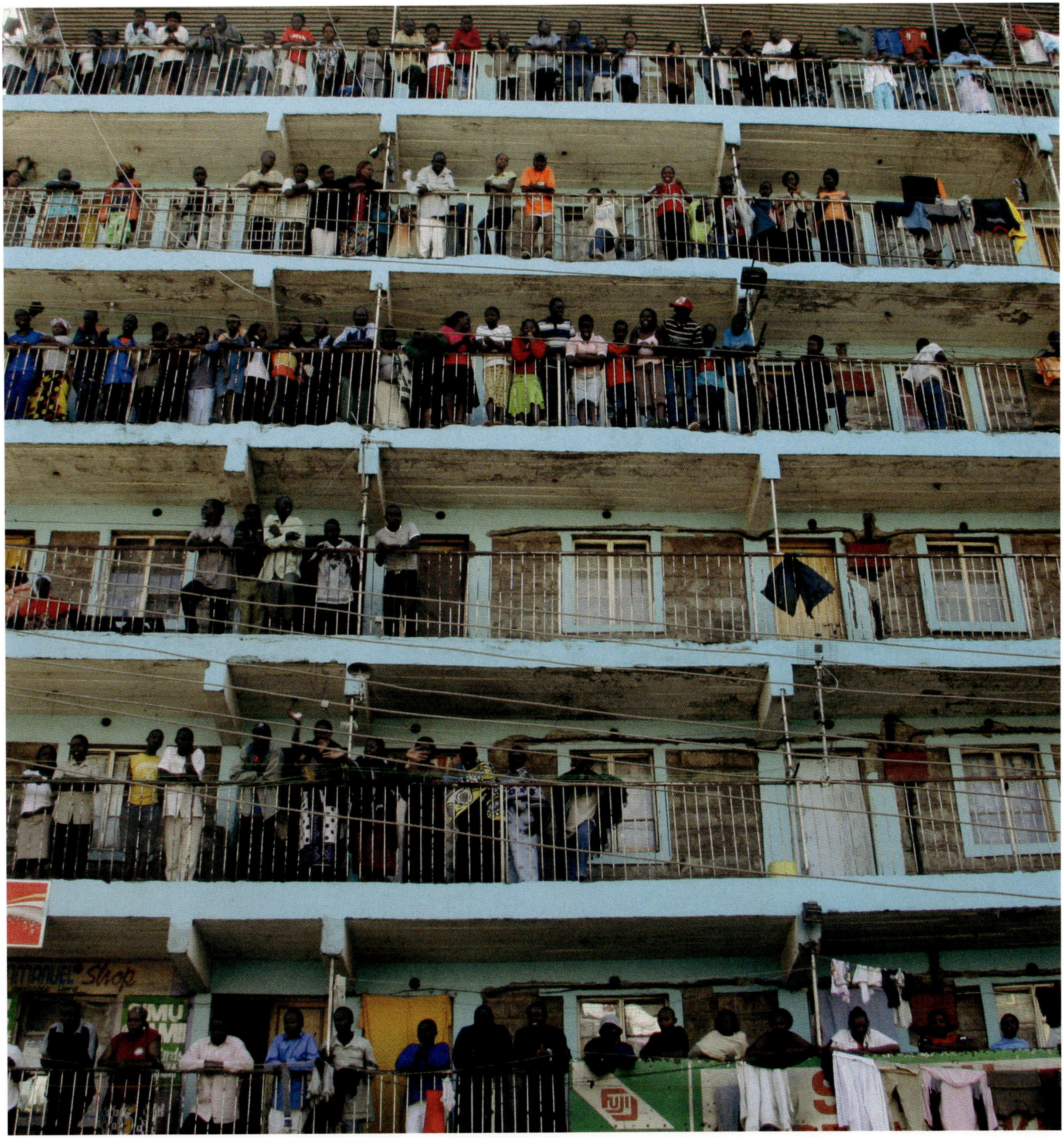
Shop

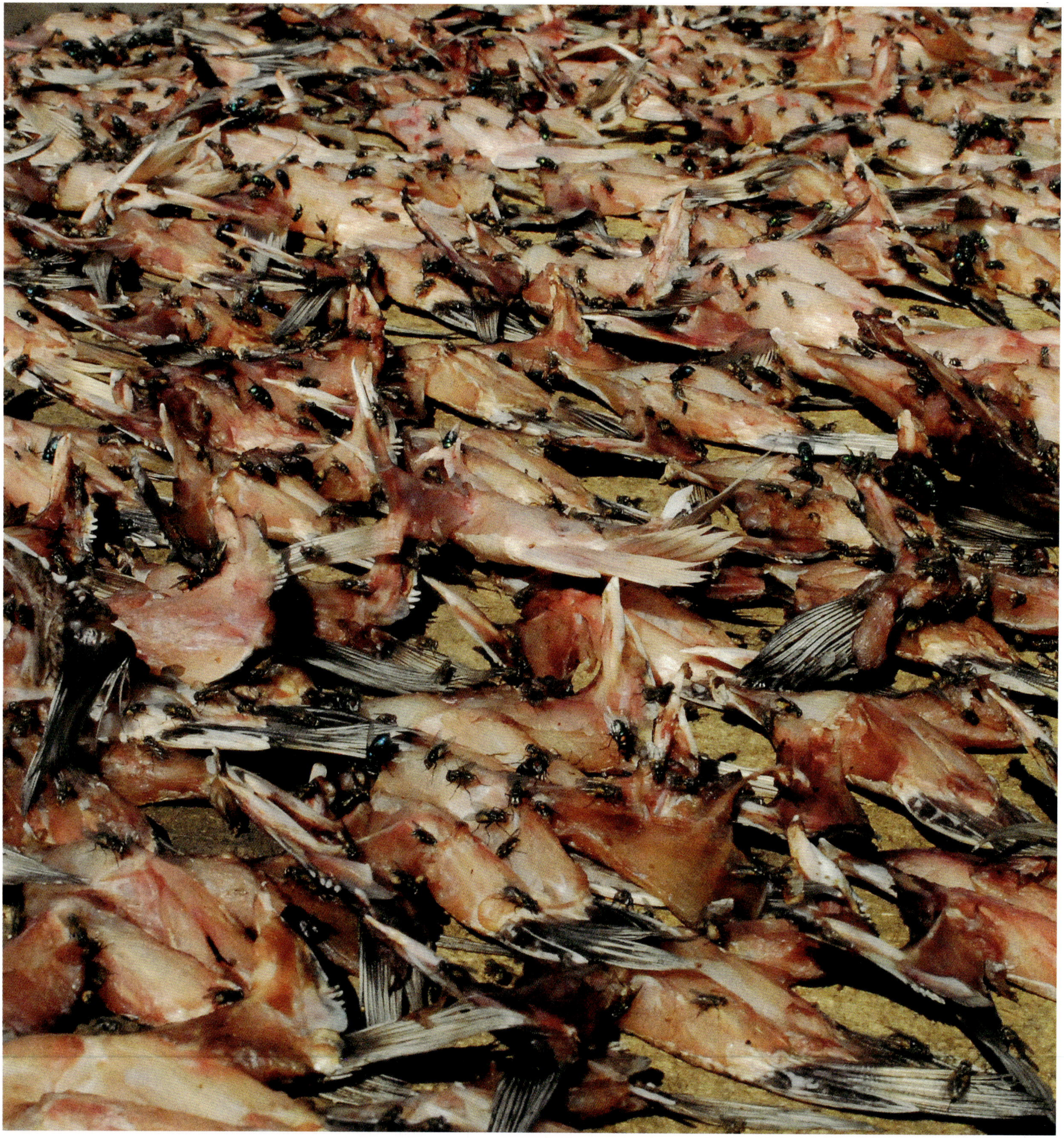

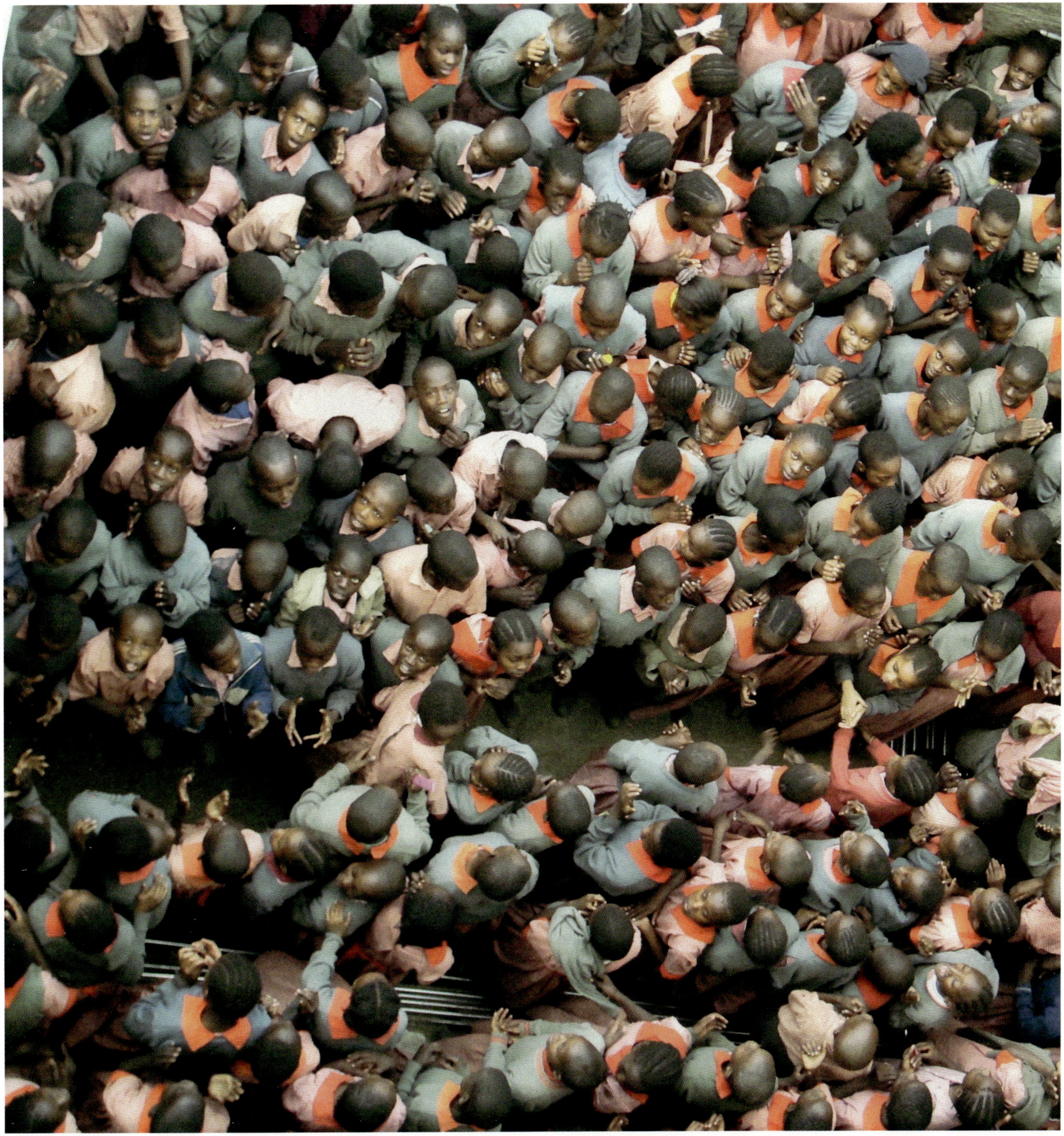

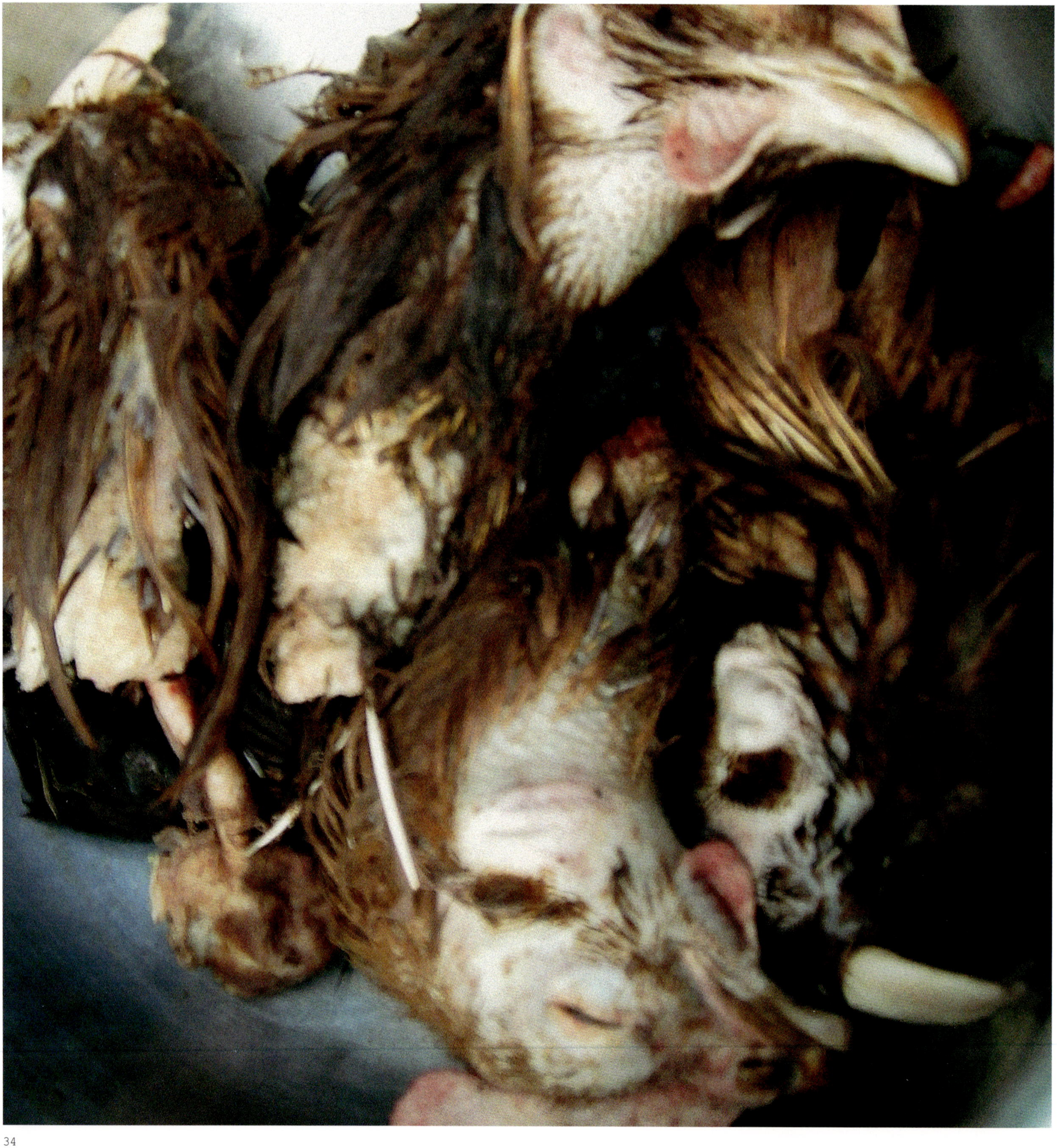

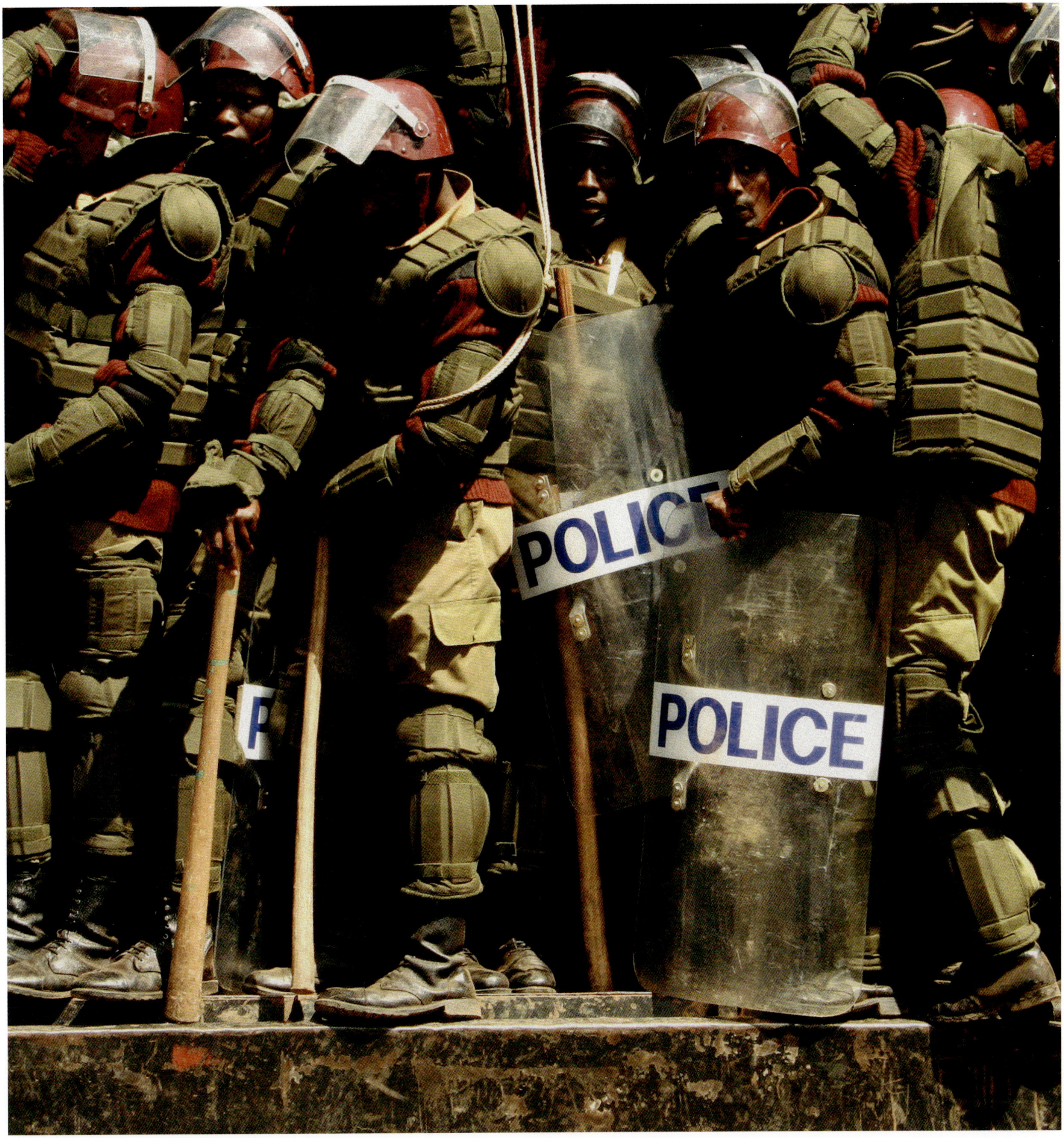
POLICE
POLICE

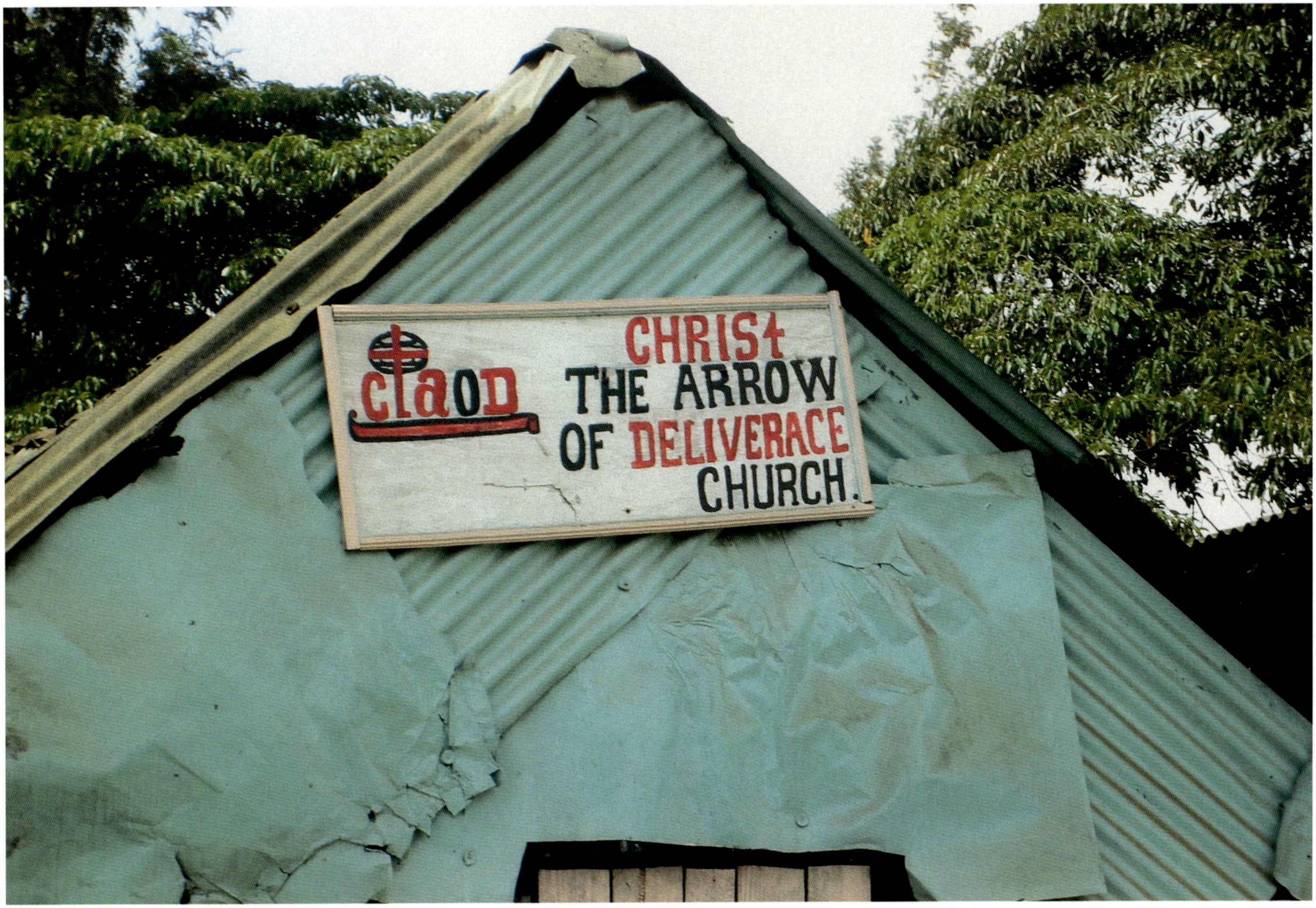
ctaoD
CHRISt
THE ARROW
OF DELIVERACE
CHURCH.

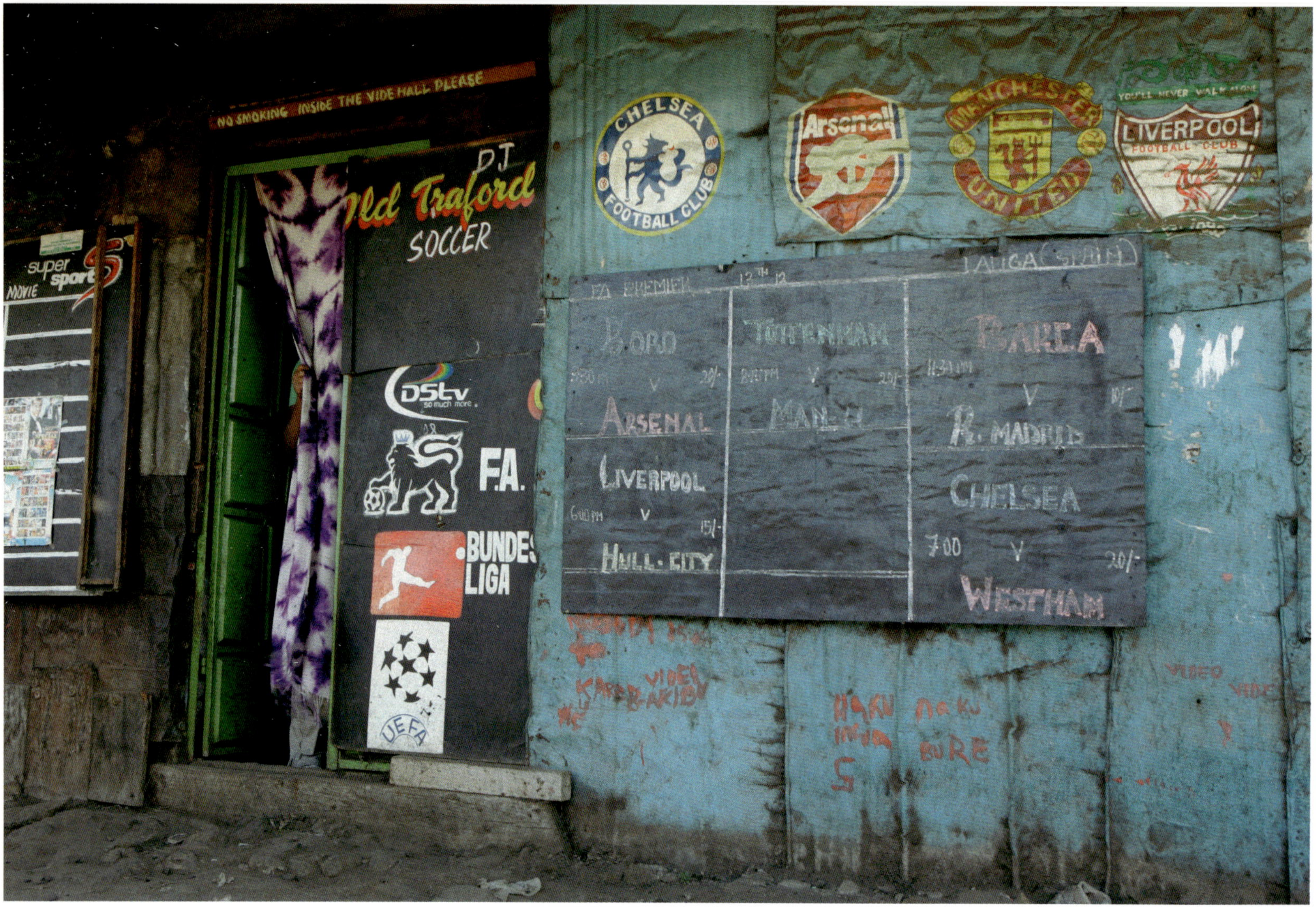
NO SMOKING INSIDE THE VIDE HALL PLEASE
DJ
Old Traford
SOCCER
super sport
MOVIE
DStv so much more
F.A.
BUNDES LIGA
UEFA
CHELSEA FOOTBALL CLUB
Arsenal
MANCHESTER UNITED
YOU'LL NEVER WALK ALONE
LIVERPOOL FOOTBALL CLUB
FA PREMIER
LALIGA (SPAIN)
TOTTENHAM
BARCA
ARSENAL
R. MADRID
LIVERPOOL
CHELSEA
HULL. CITY
WESTHAM

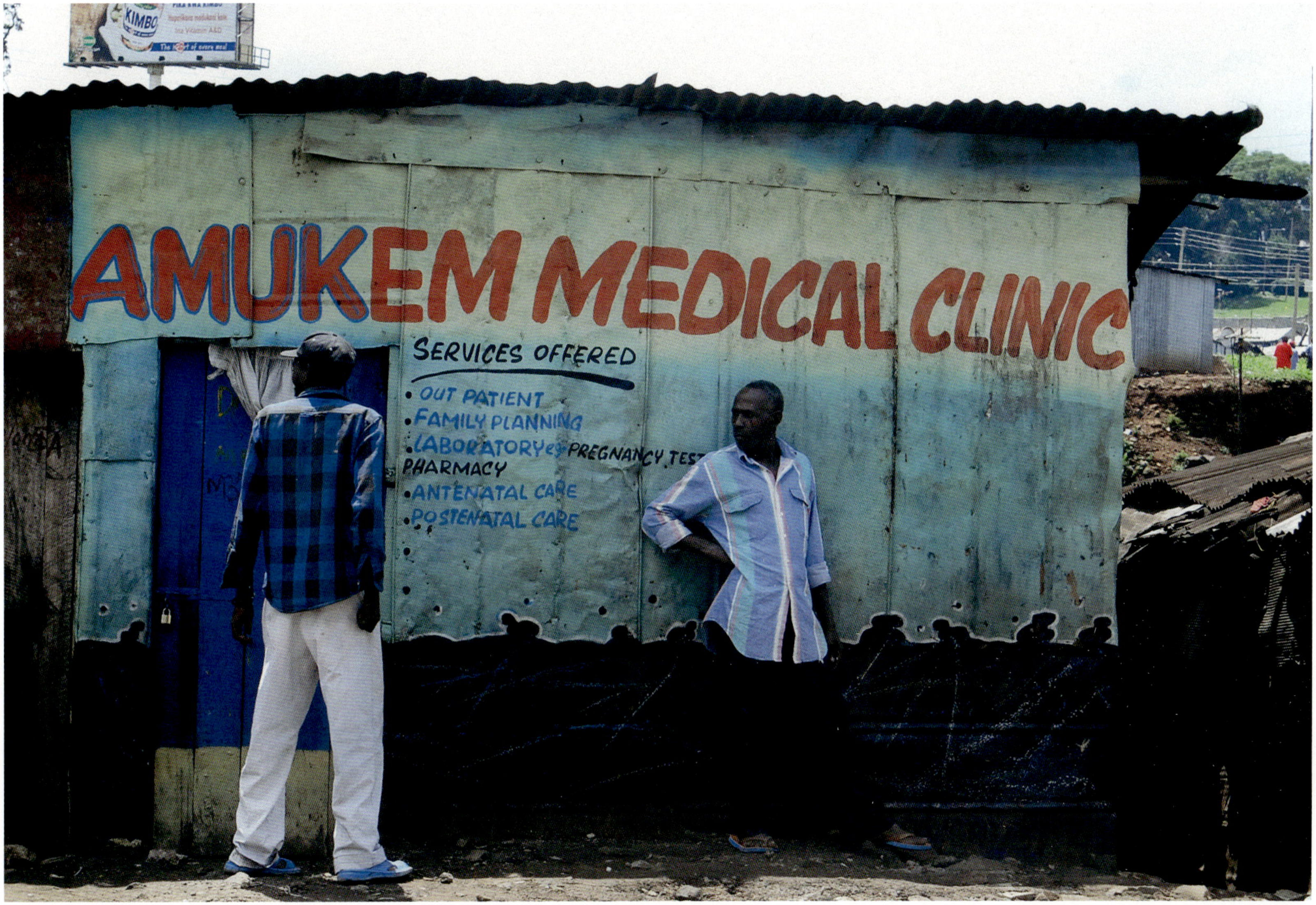
AMUKEM MEDICAL CLINIC
SERVICES OFFERED
• OUT PATIENT
• FAMILY PLANNING
• LABORATORY eg PREGNANCY TEST
PHARMACY
• ANTENATAL CARE
• POSTENATAL CARE

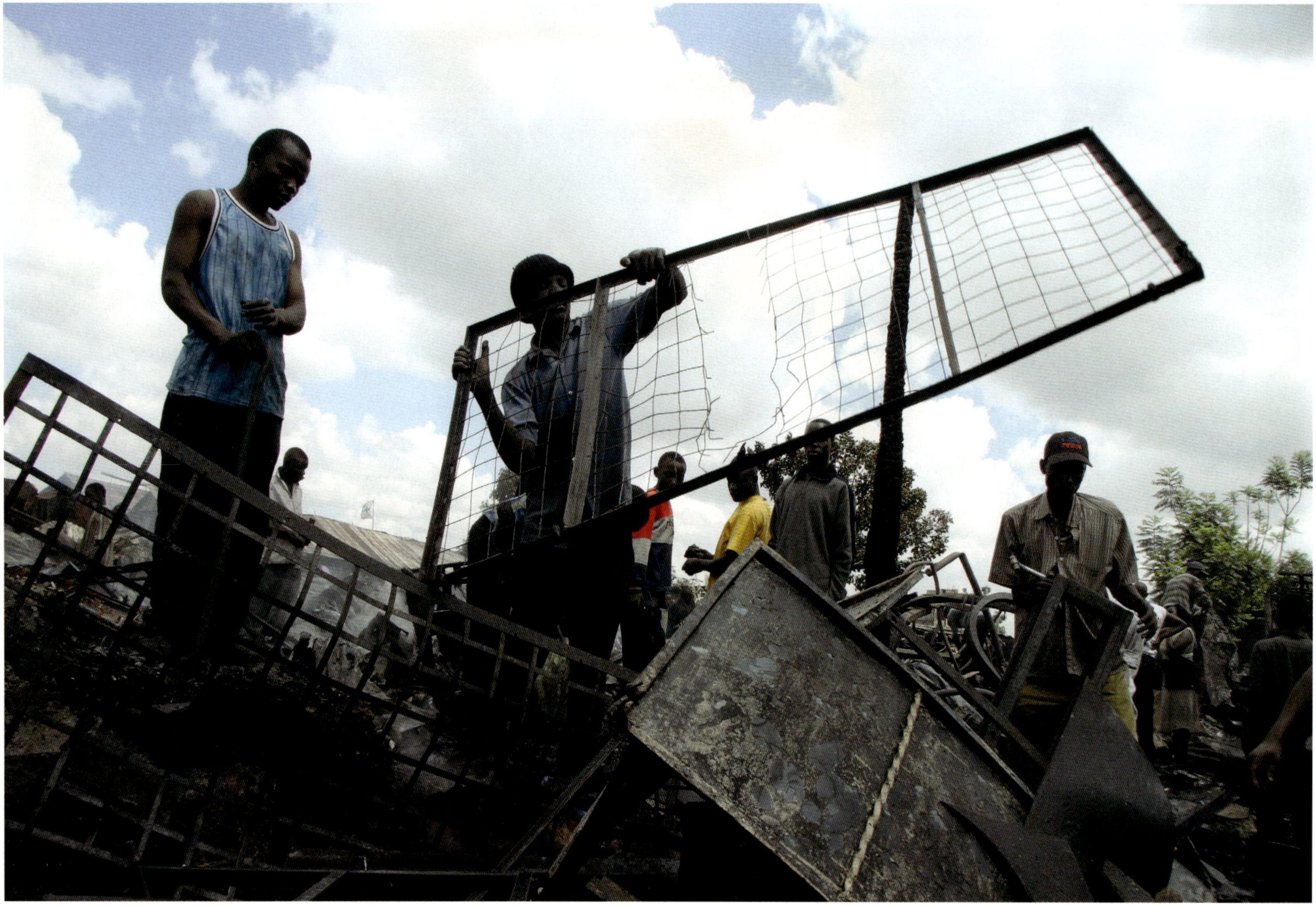

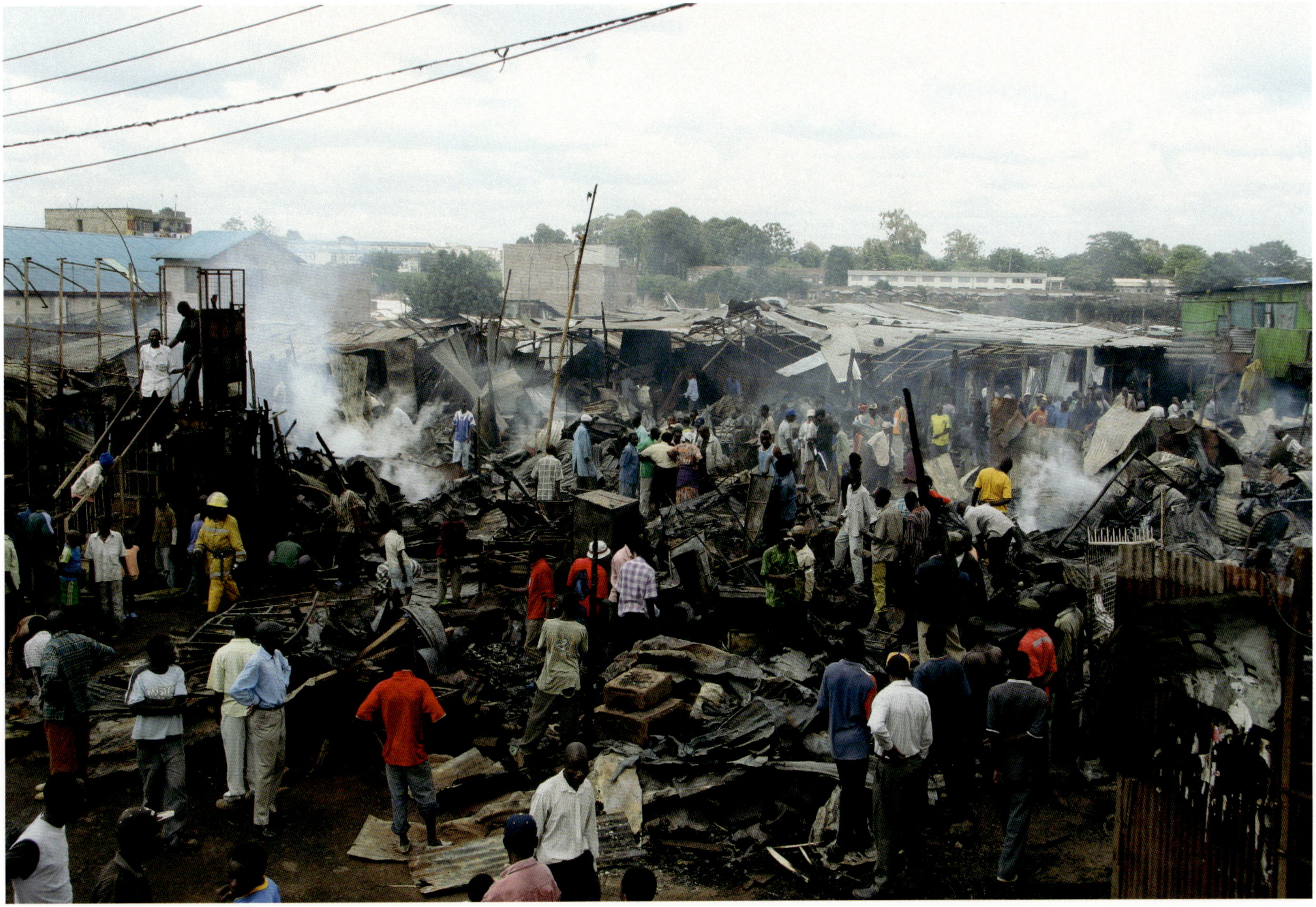

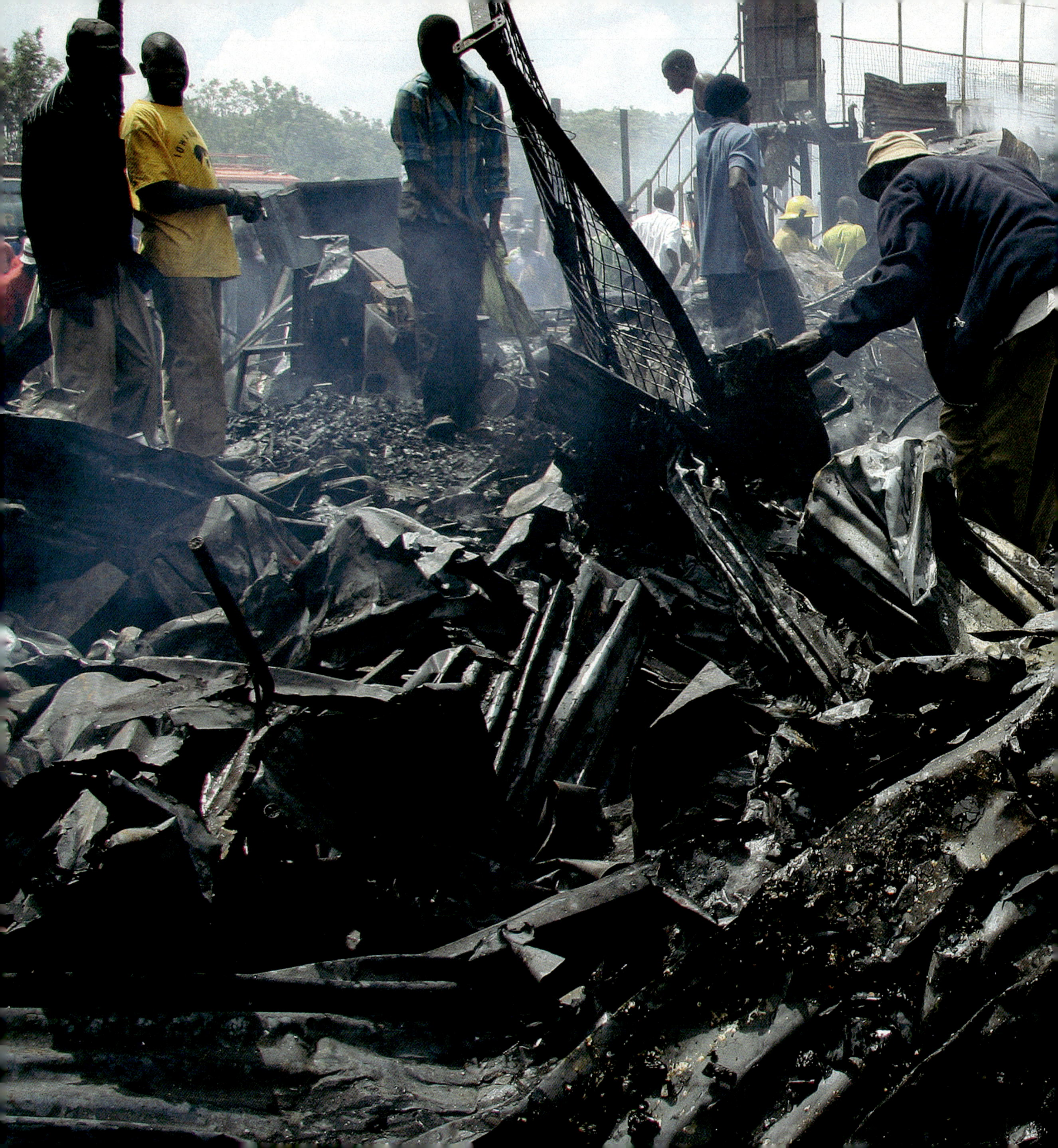

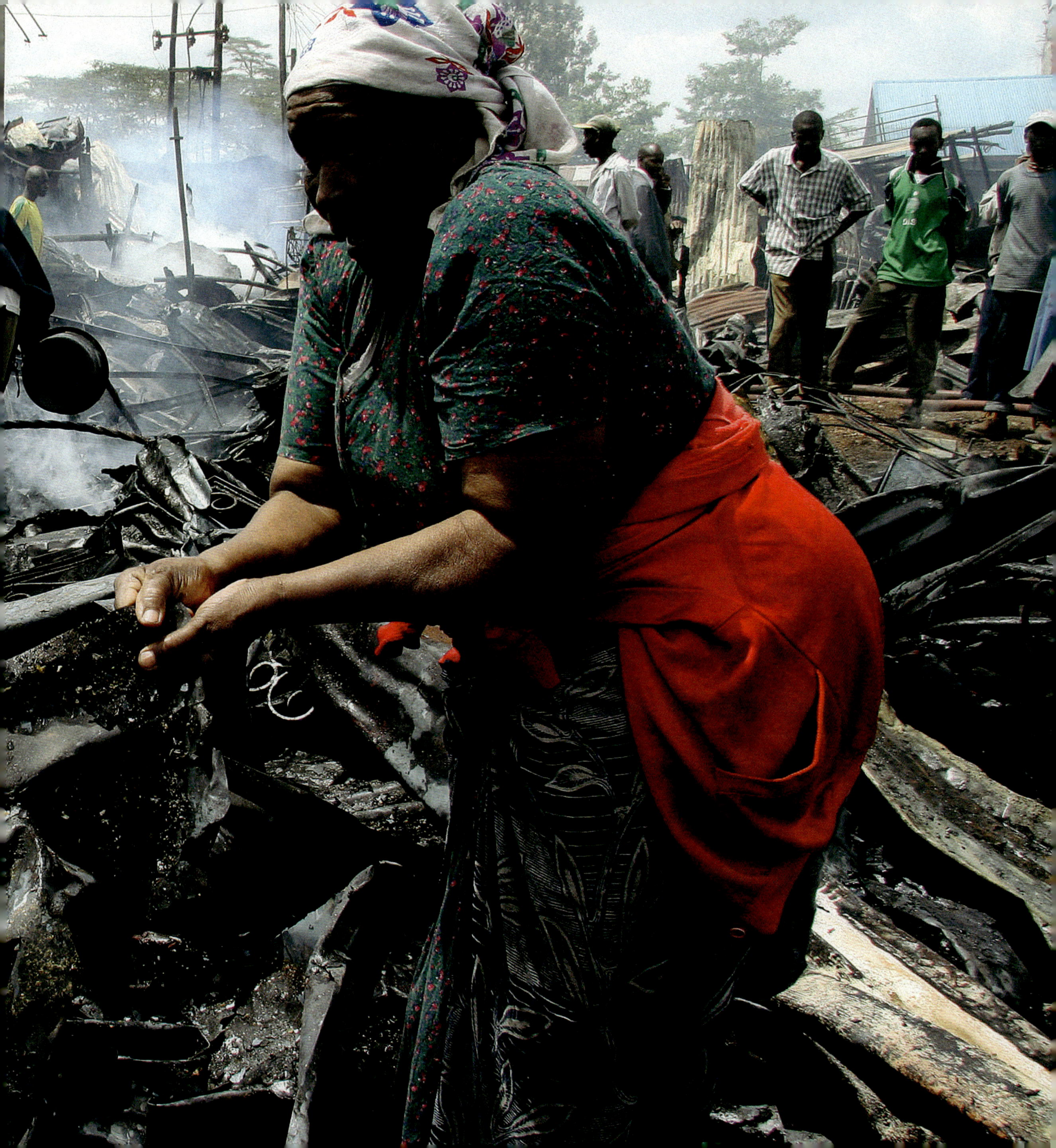

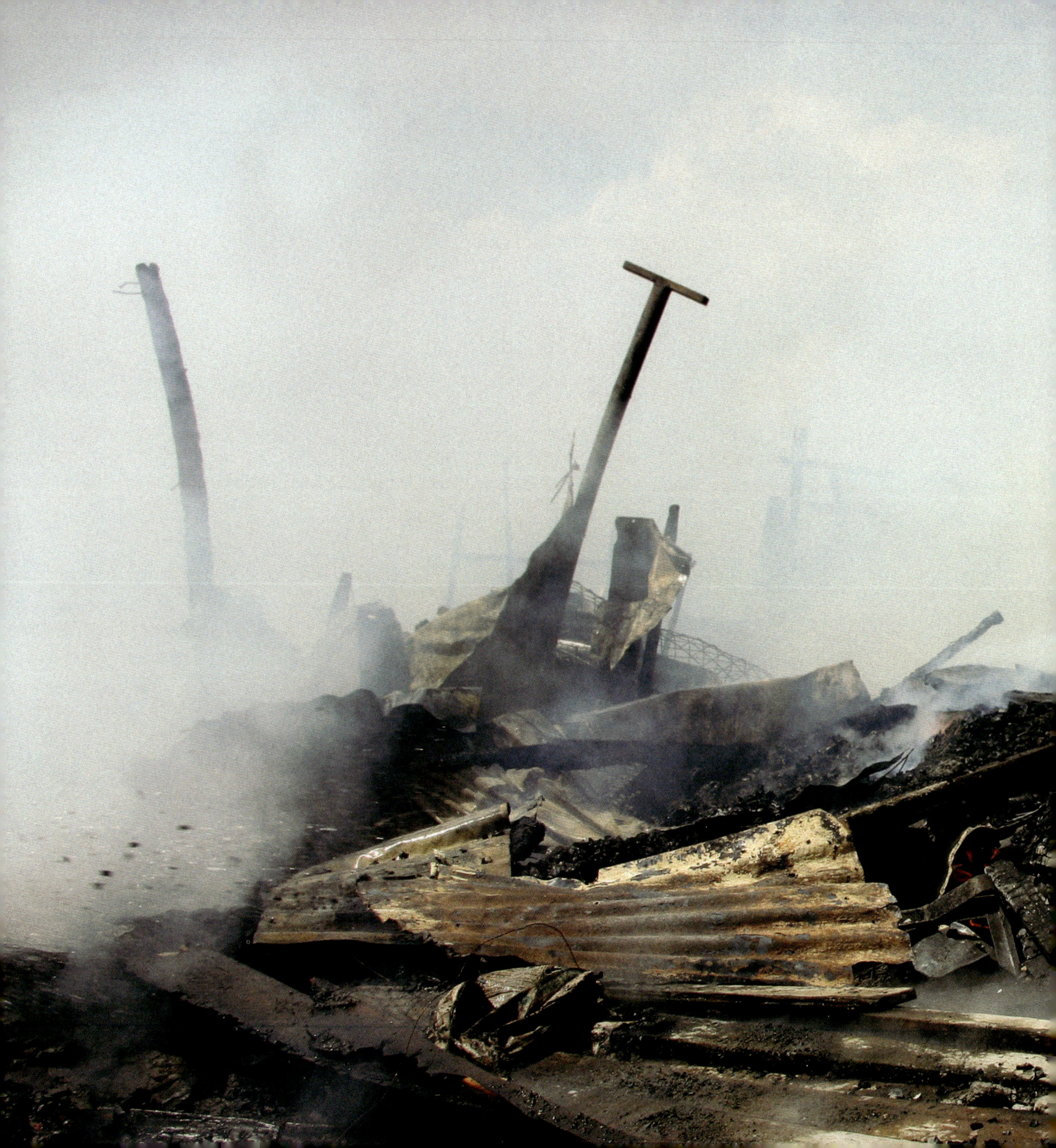

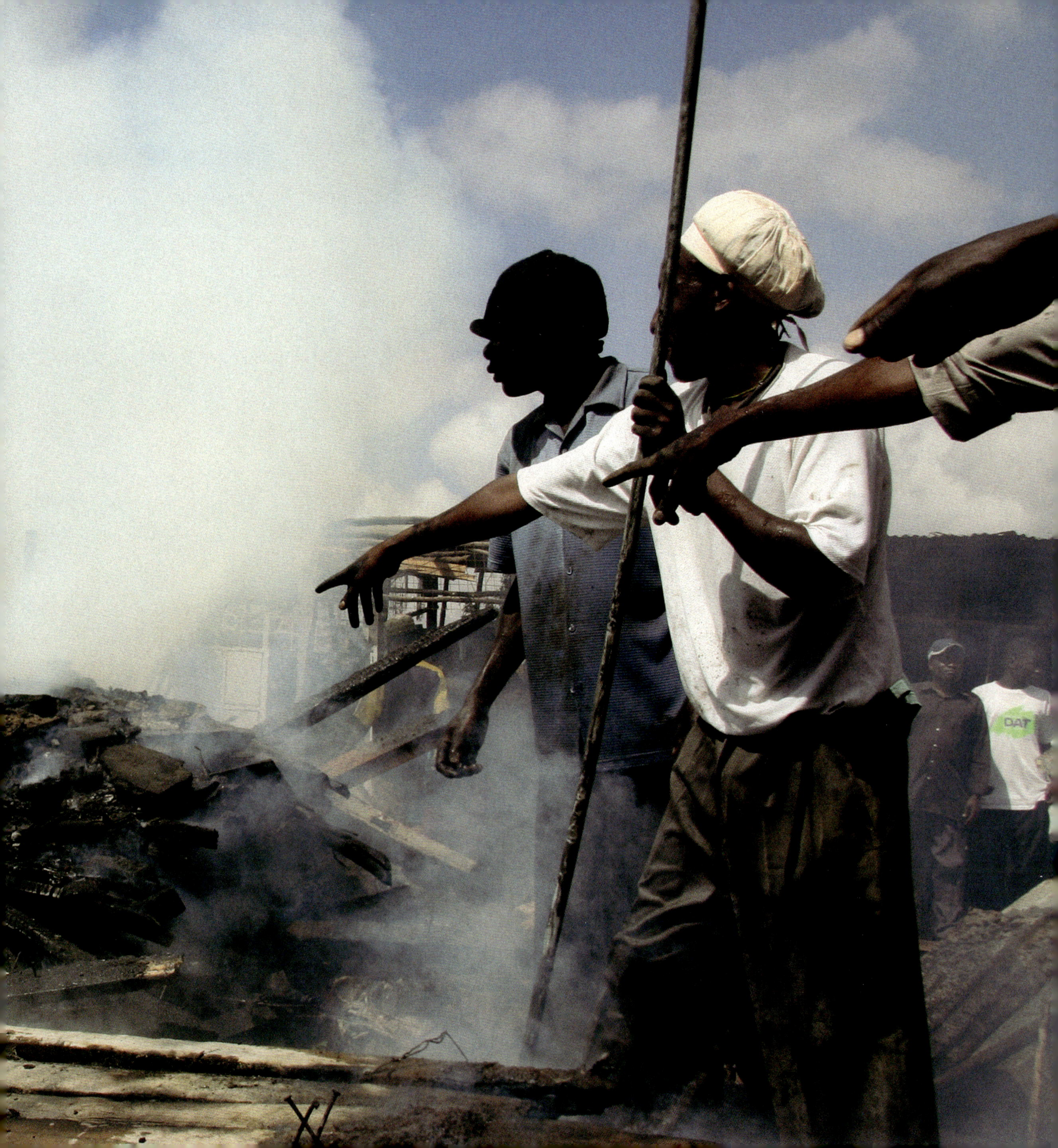

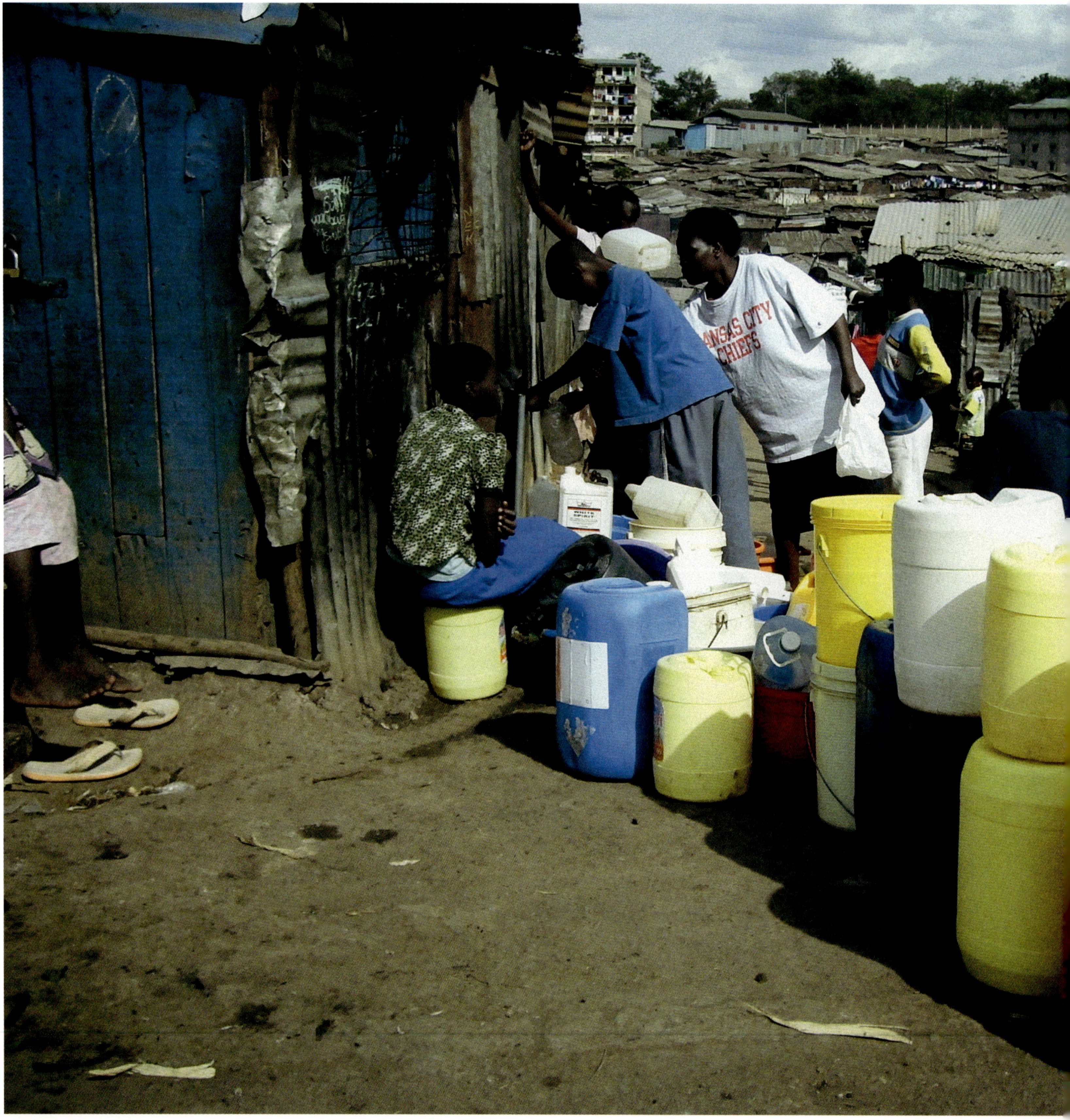

WHITE SPIRIT

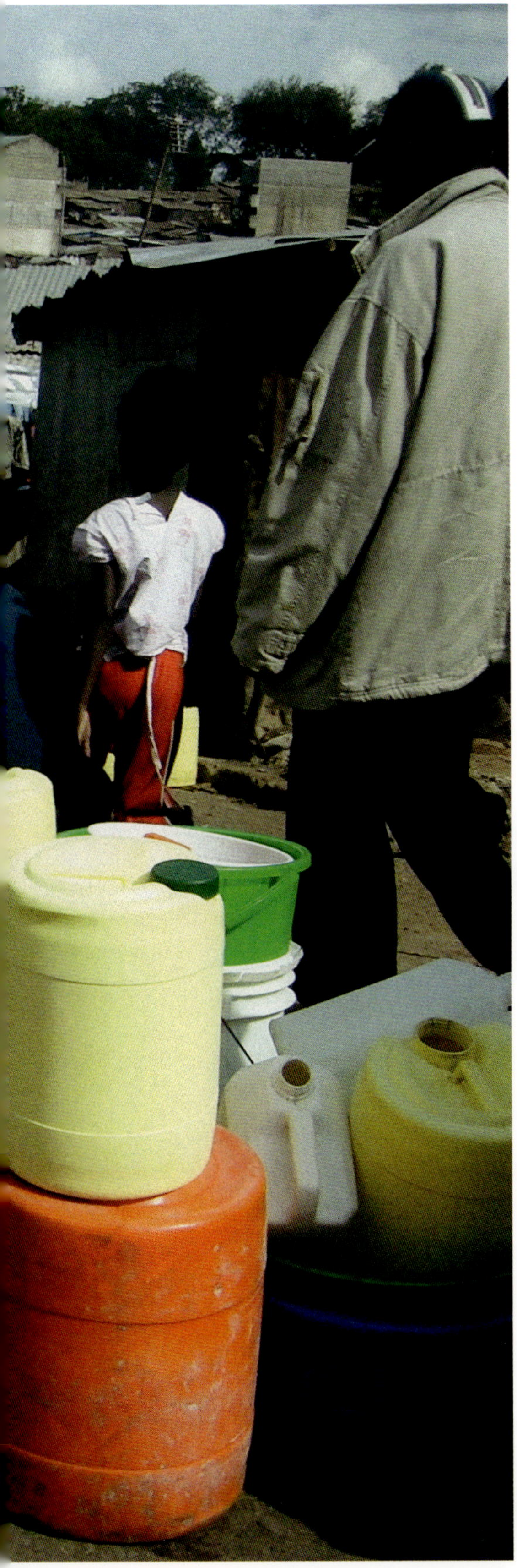

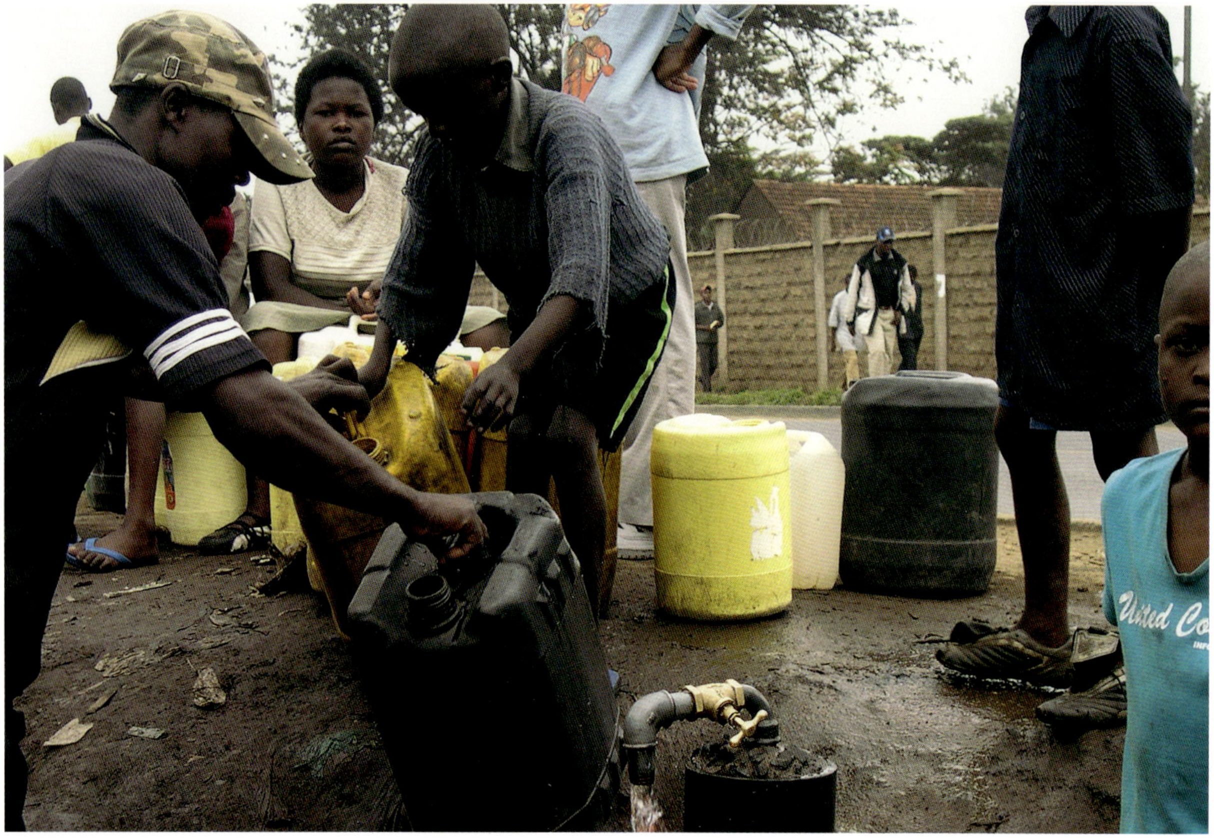

48 a

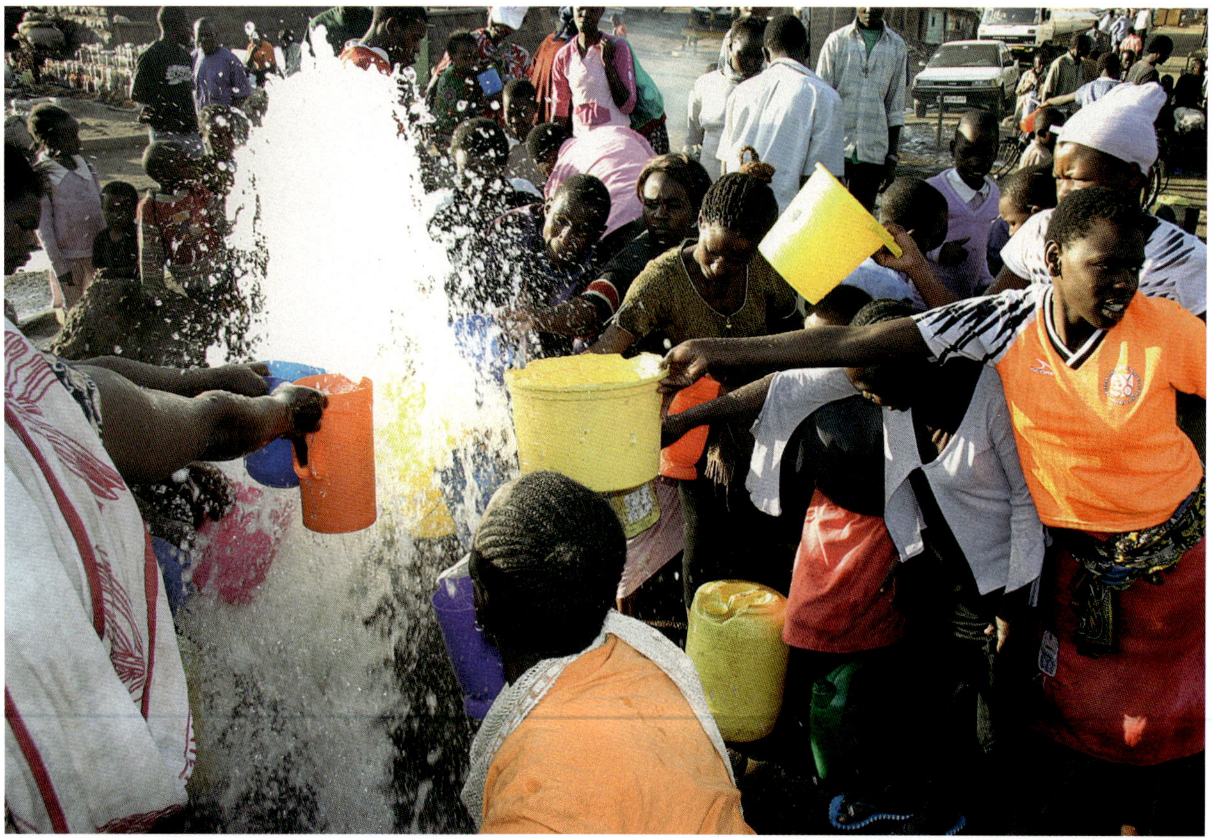

48 b

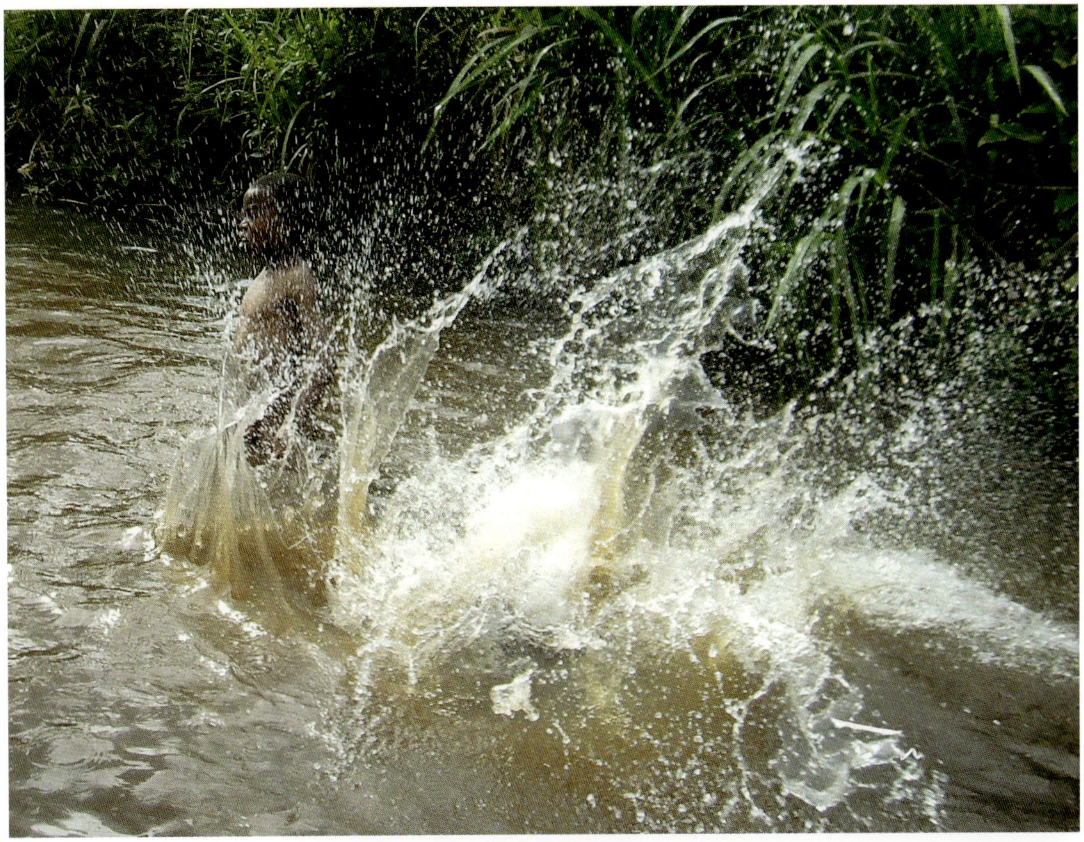
49 a

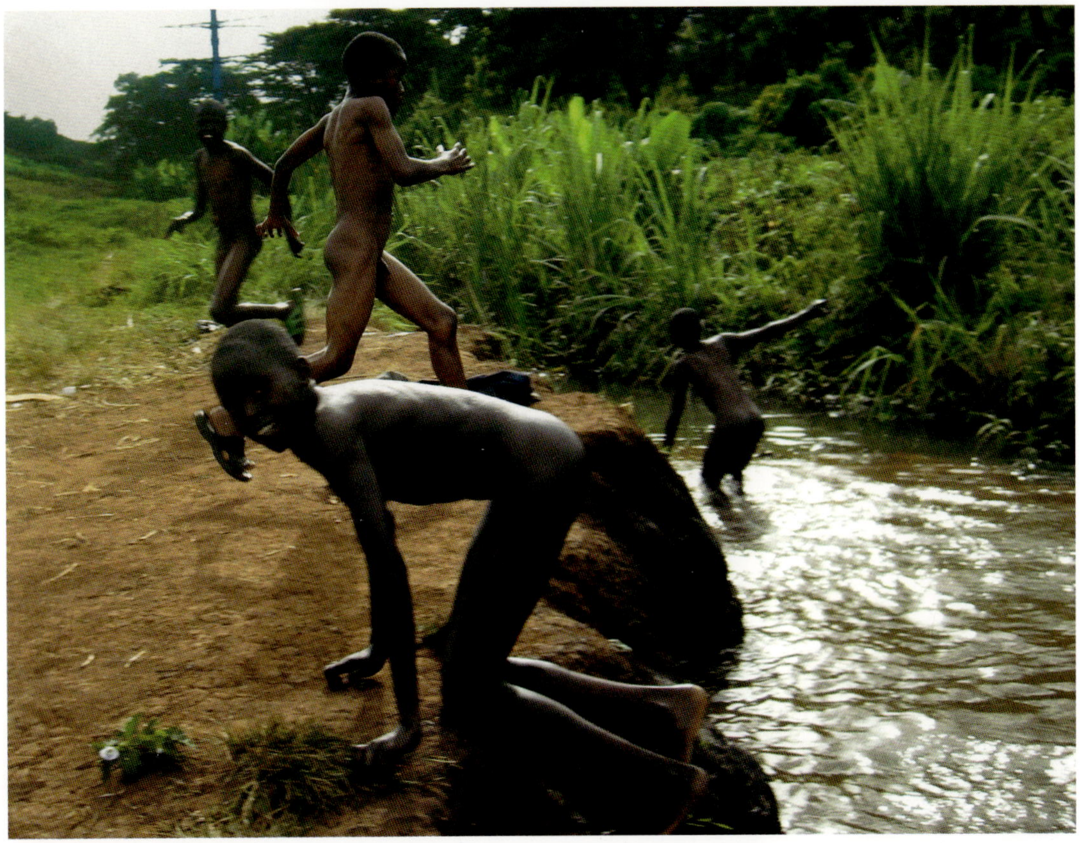
49 b

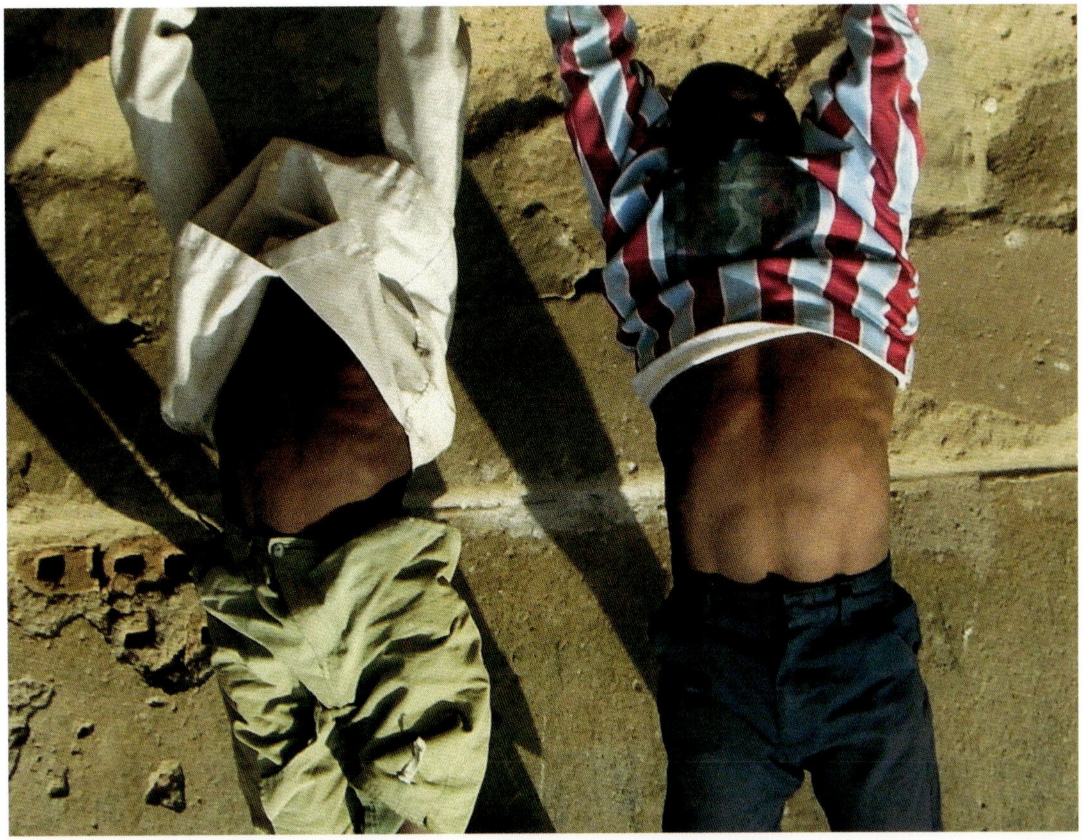

51a

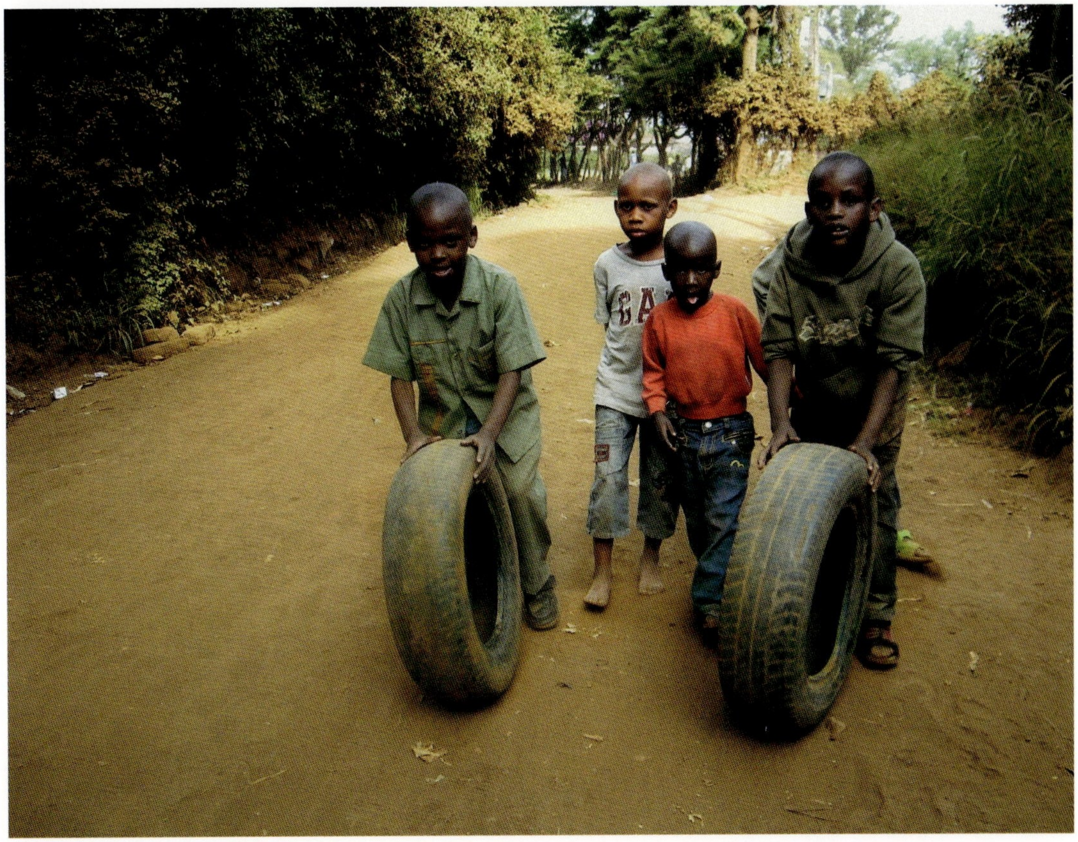

51b

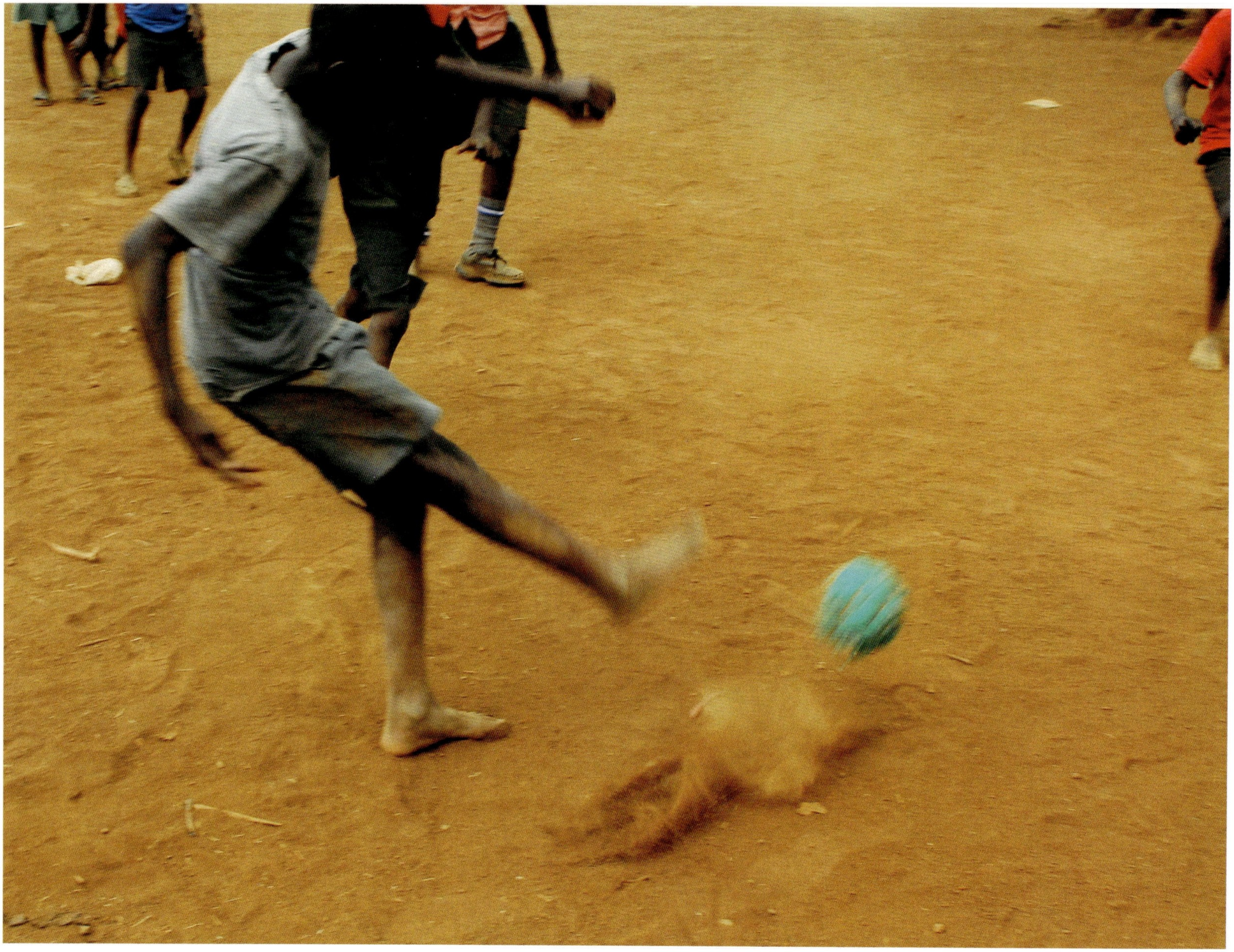

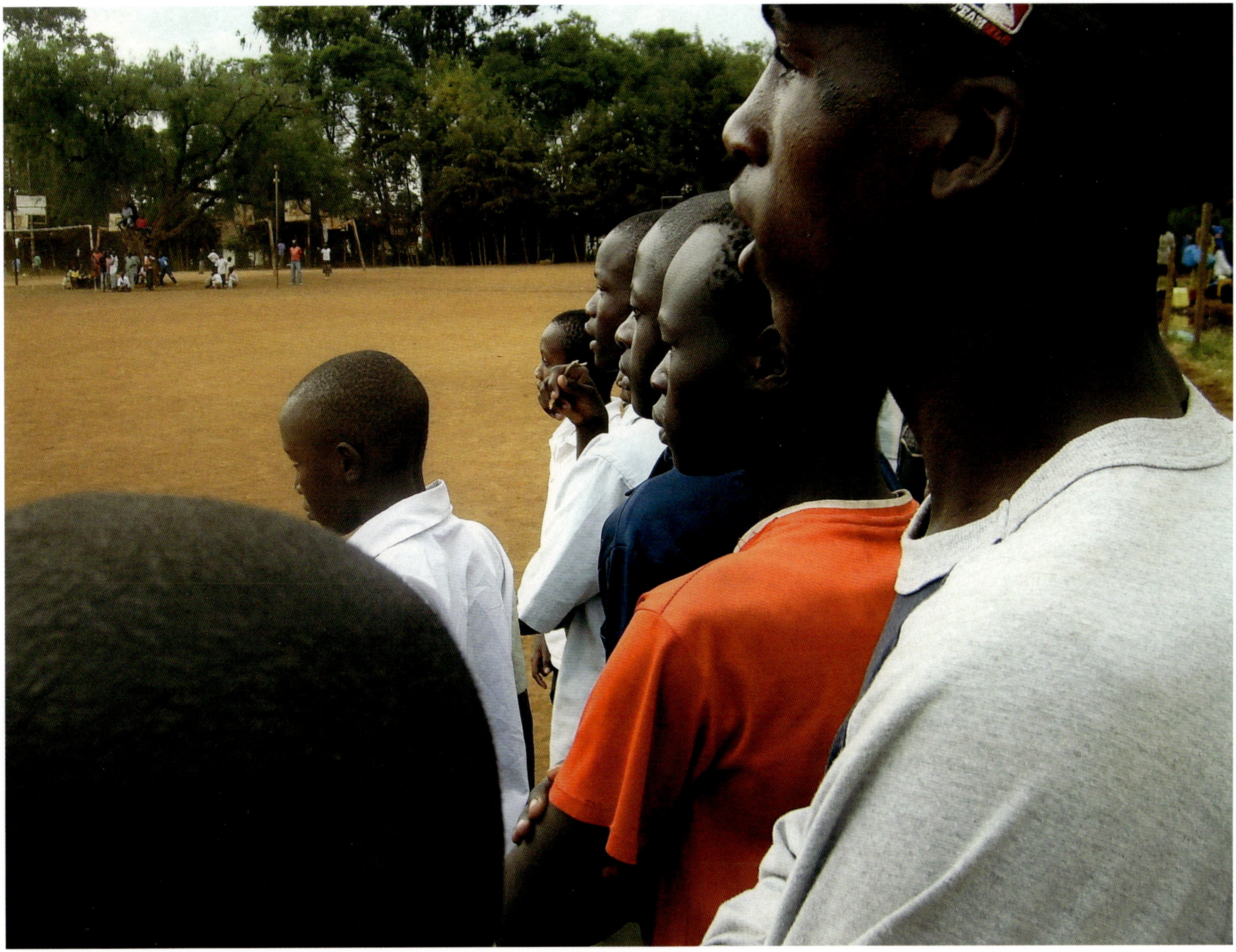

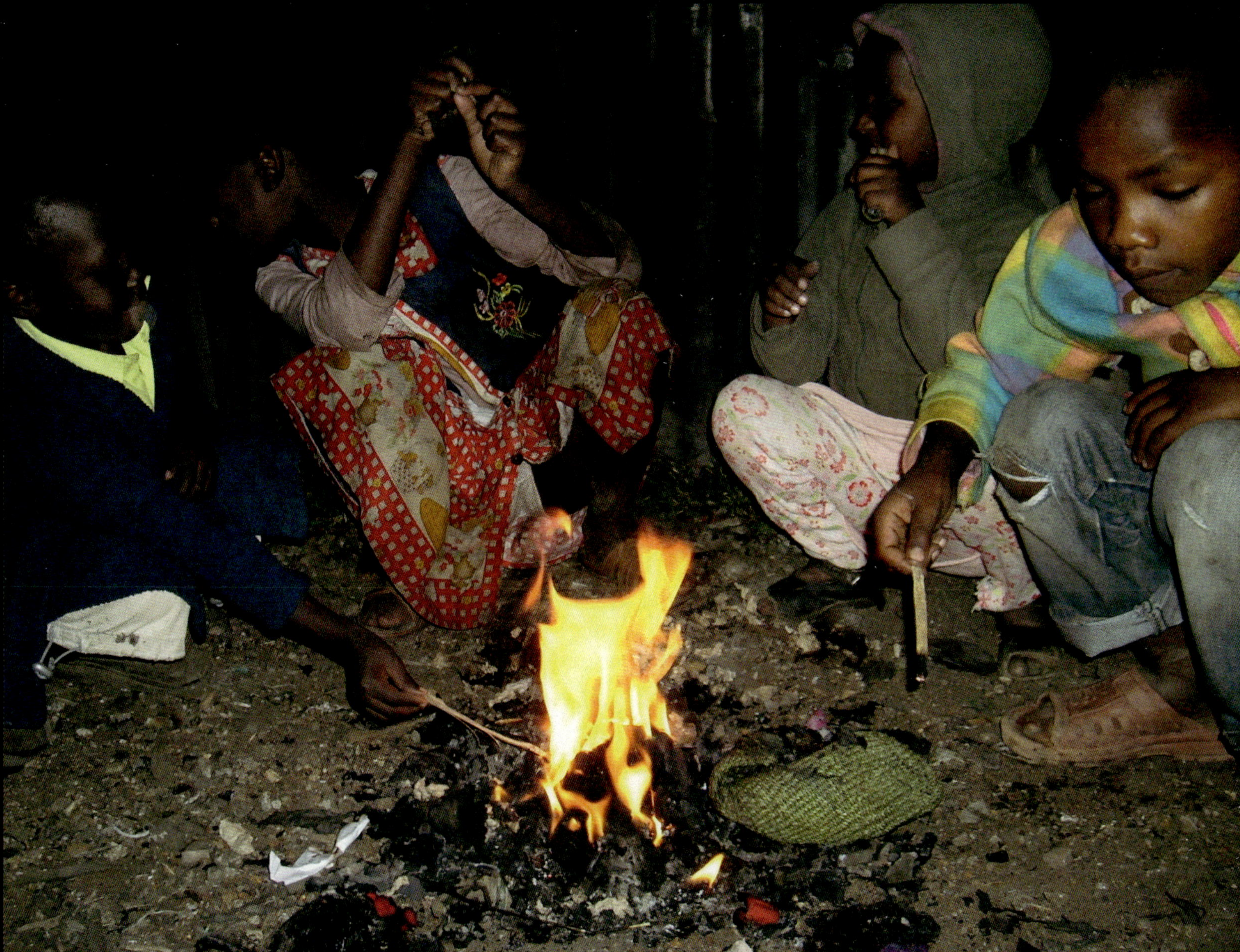

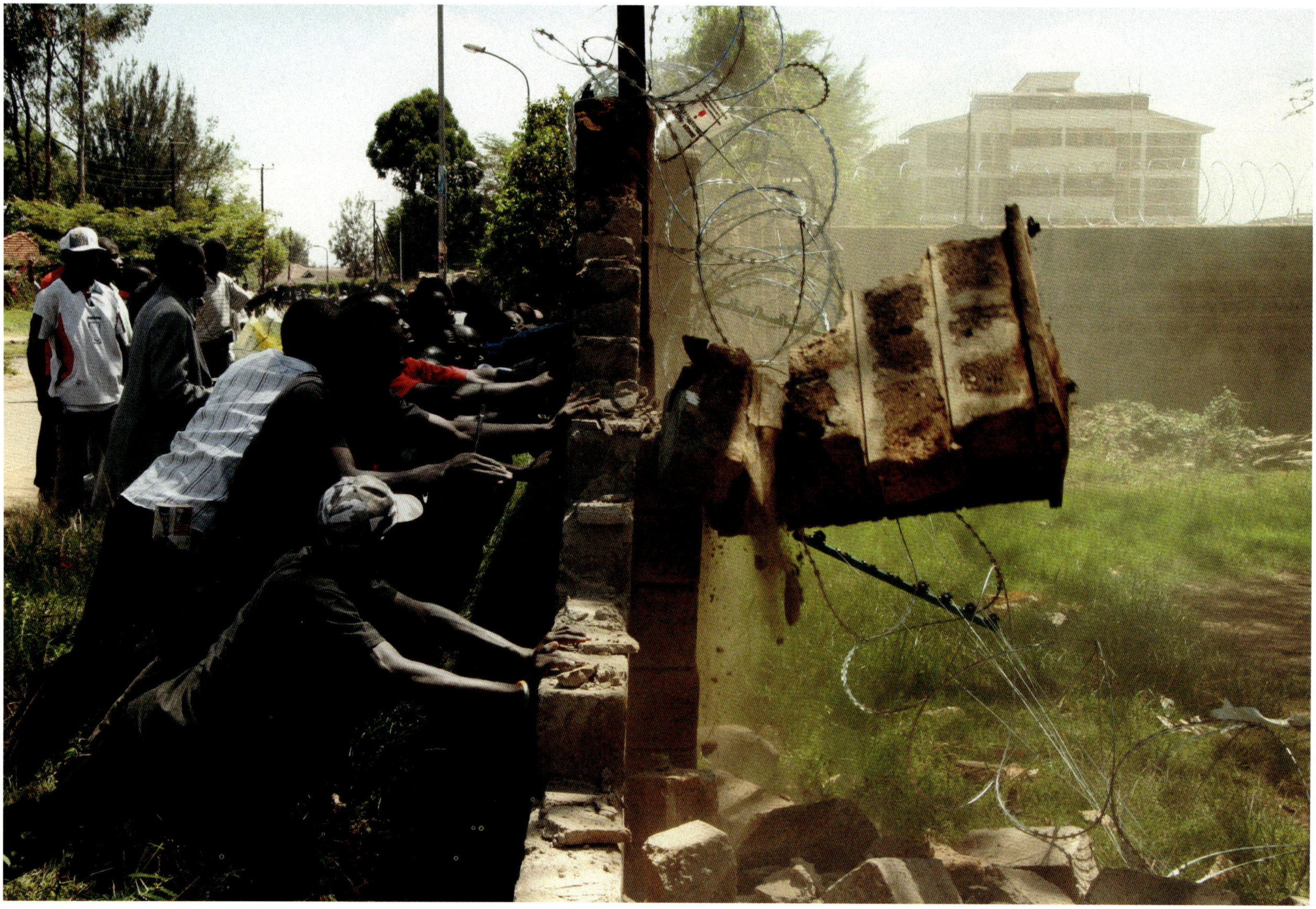

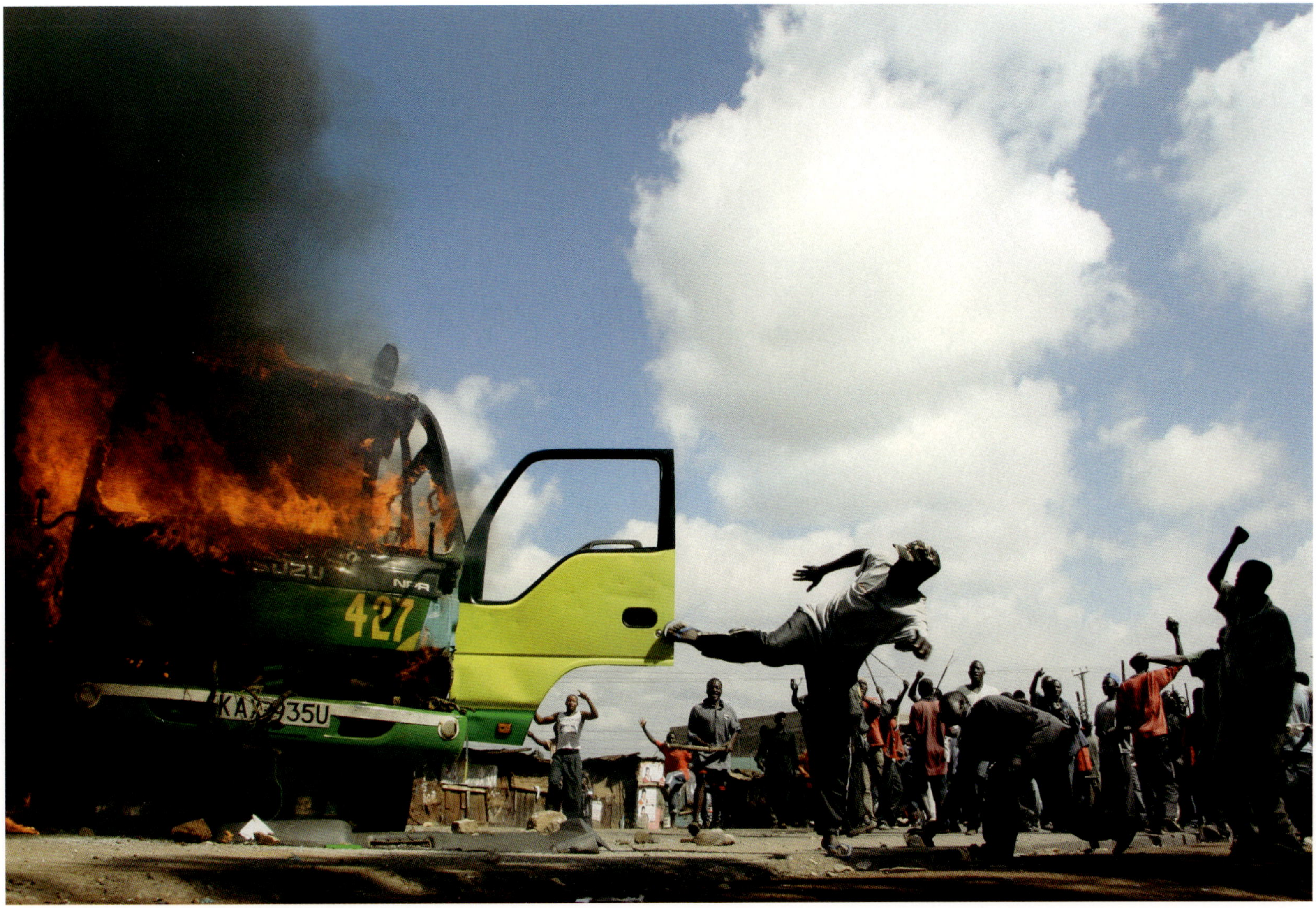
427

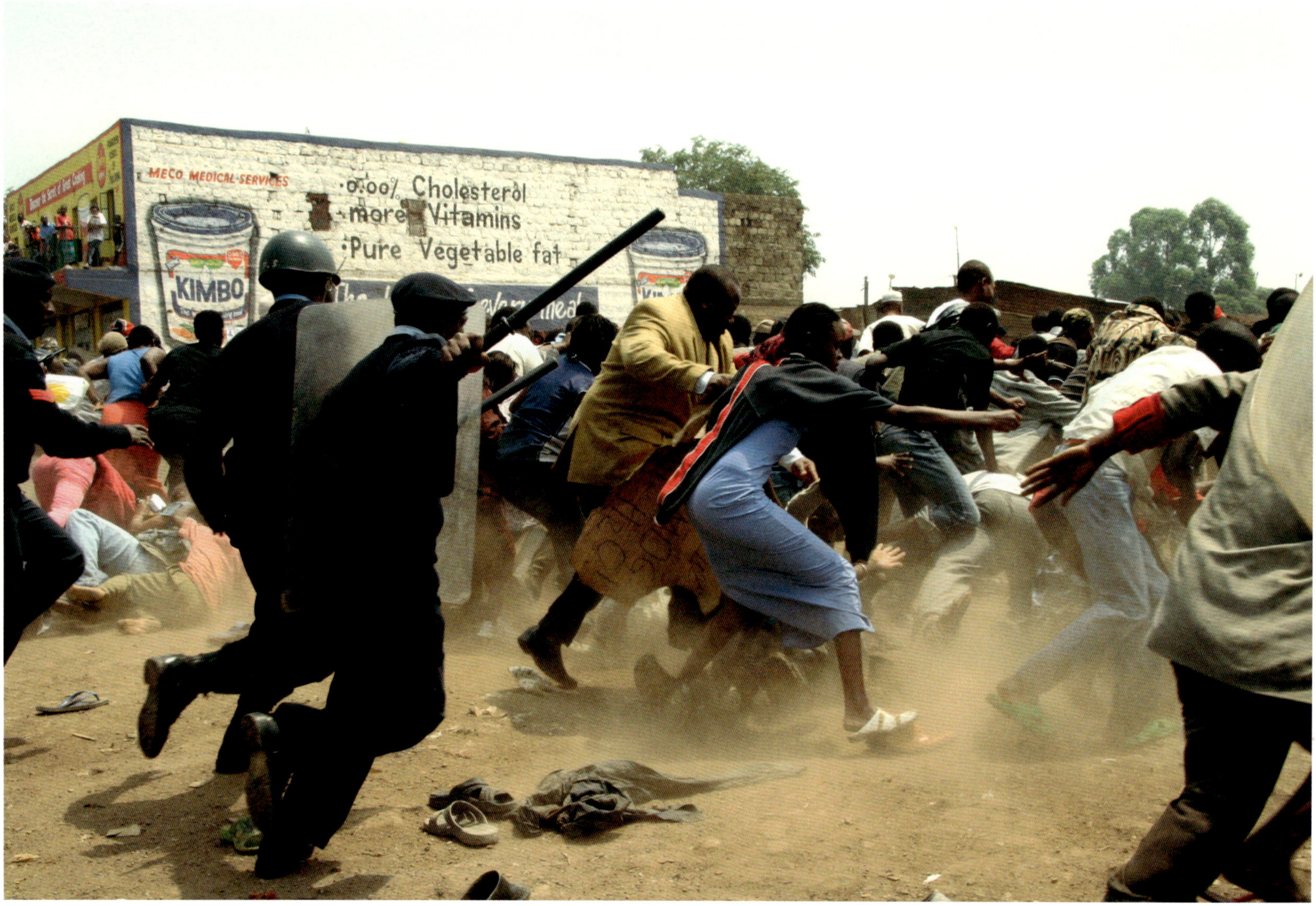
MECO MEDICAL SERVICES
·0.00% Cholesterol
·more Vitamins
·Pure Vegetable fat
KIMBO

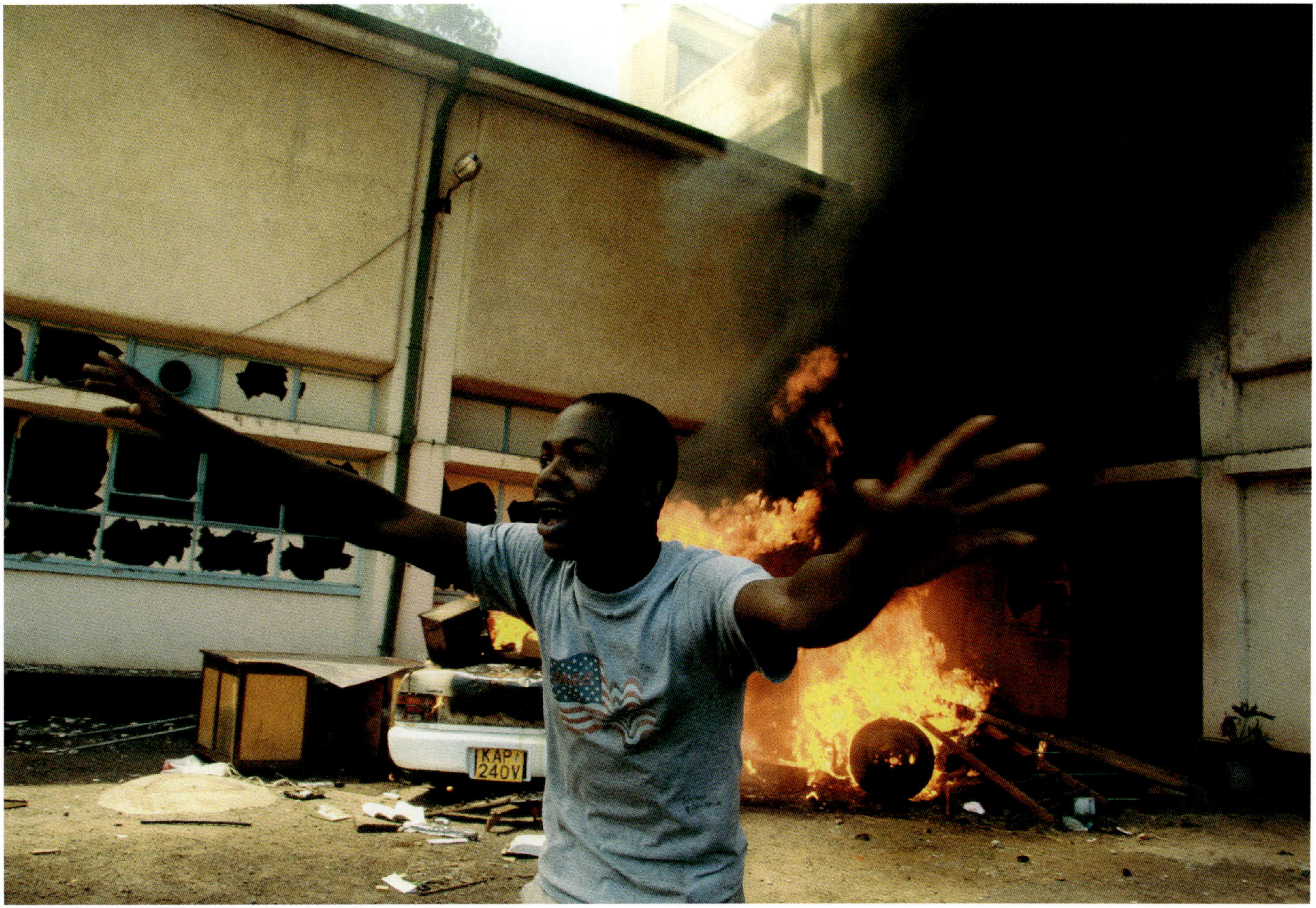
KAP
240V

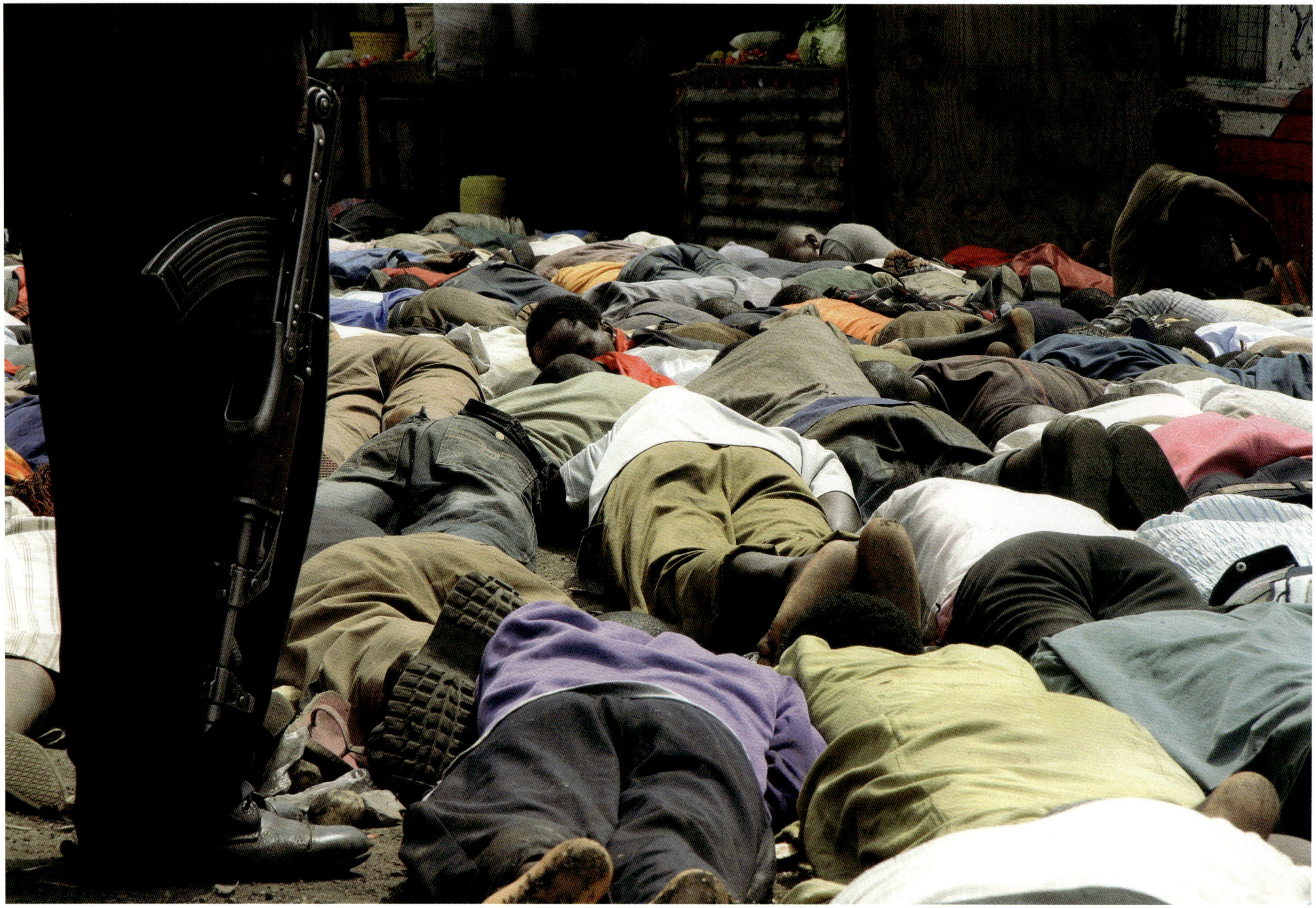

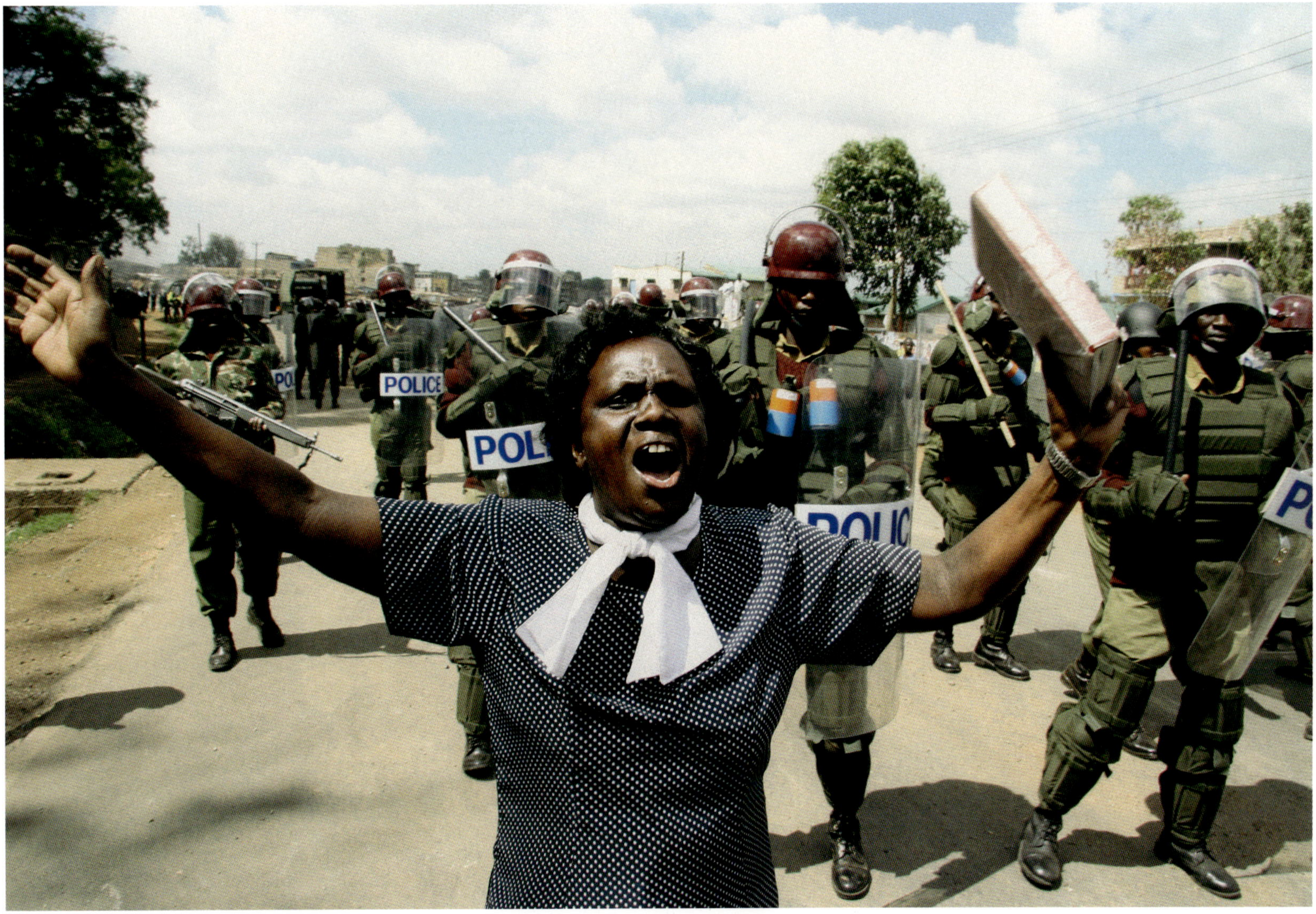
POLICE
POLICE
POLIC

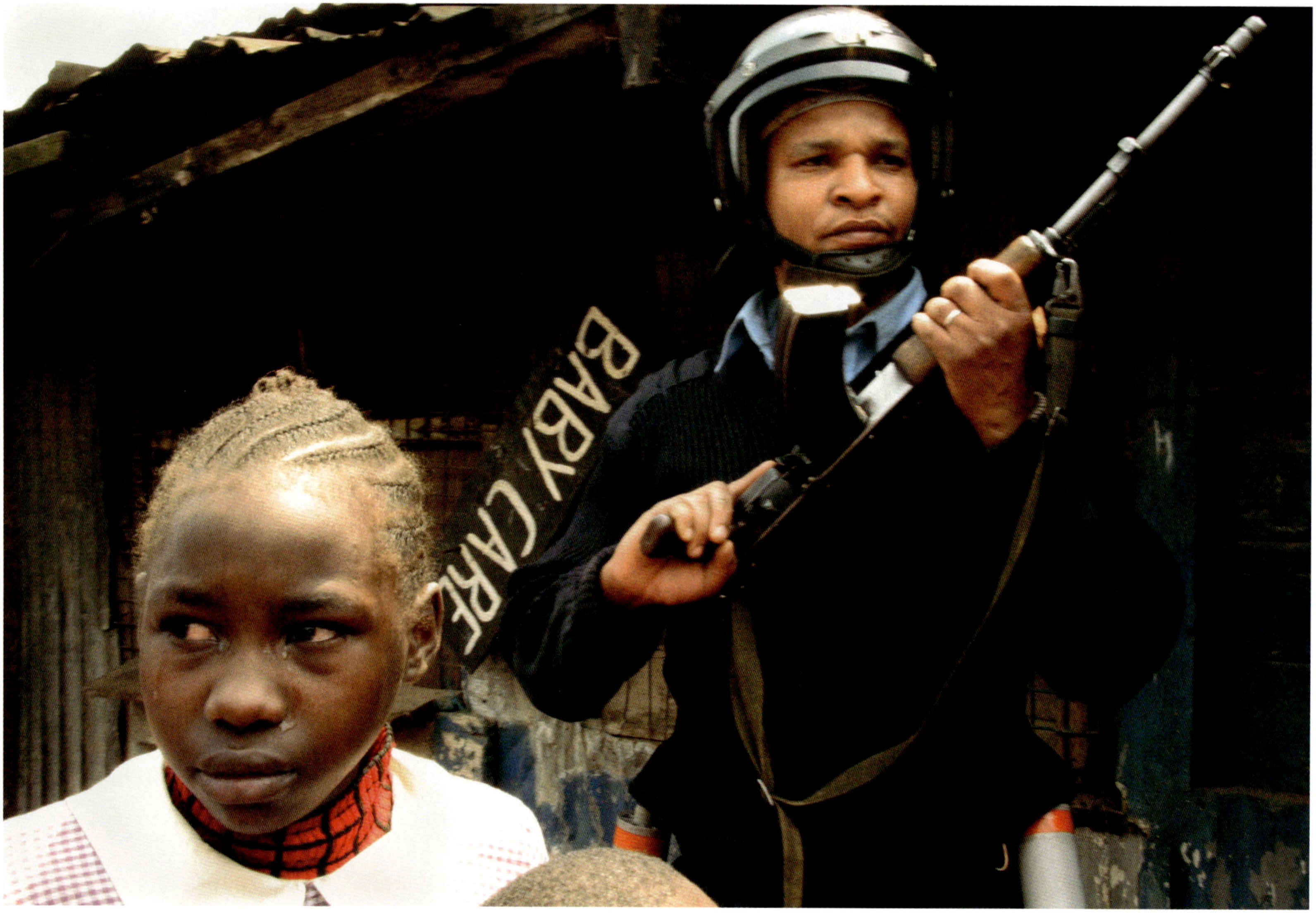
BABY CARE

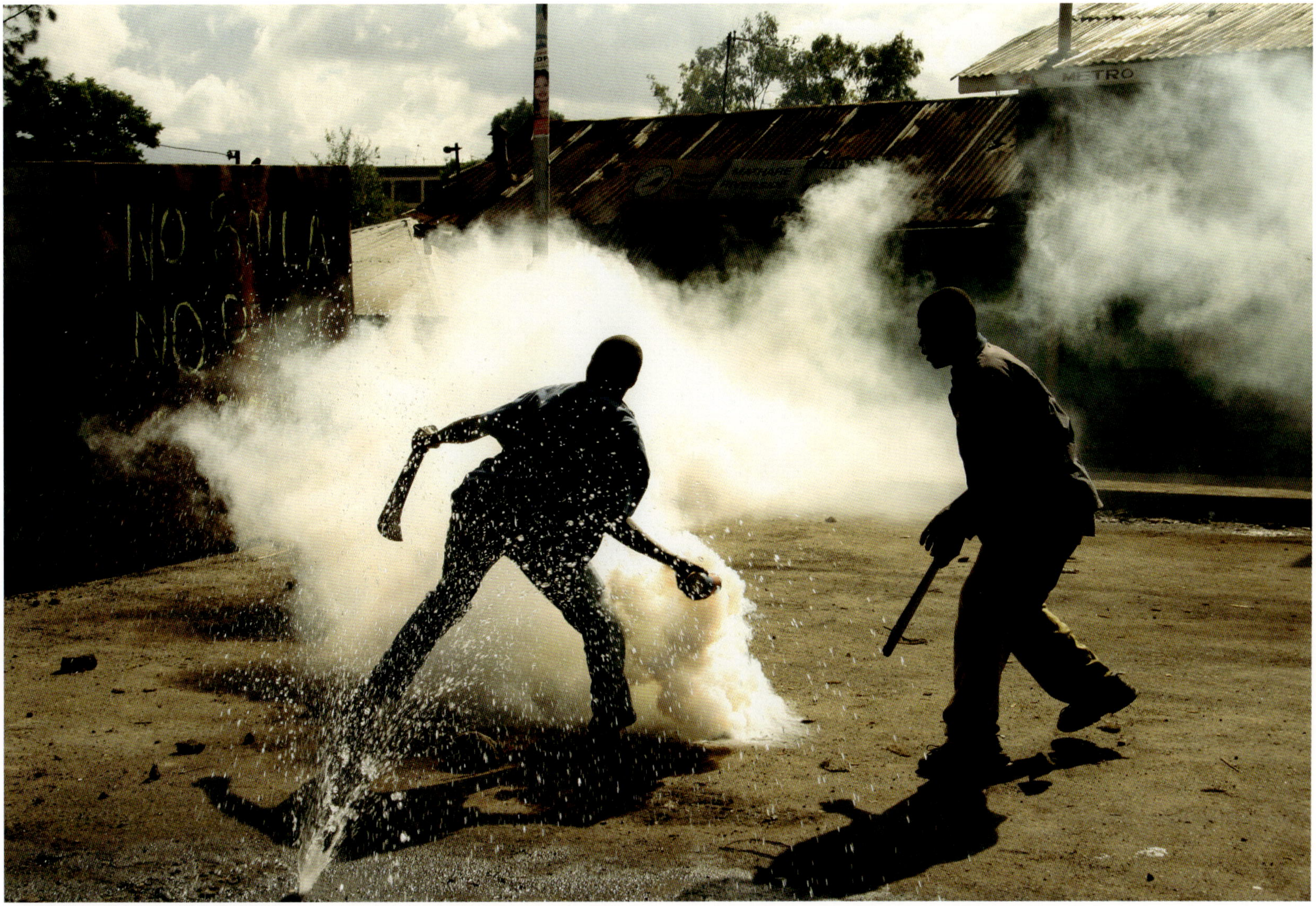
METRO

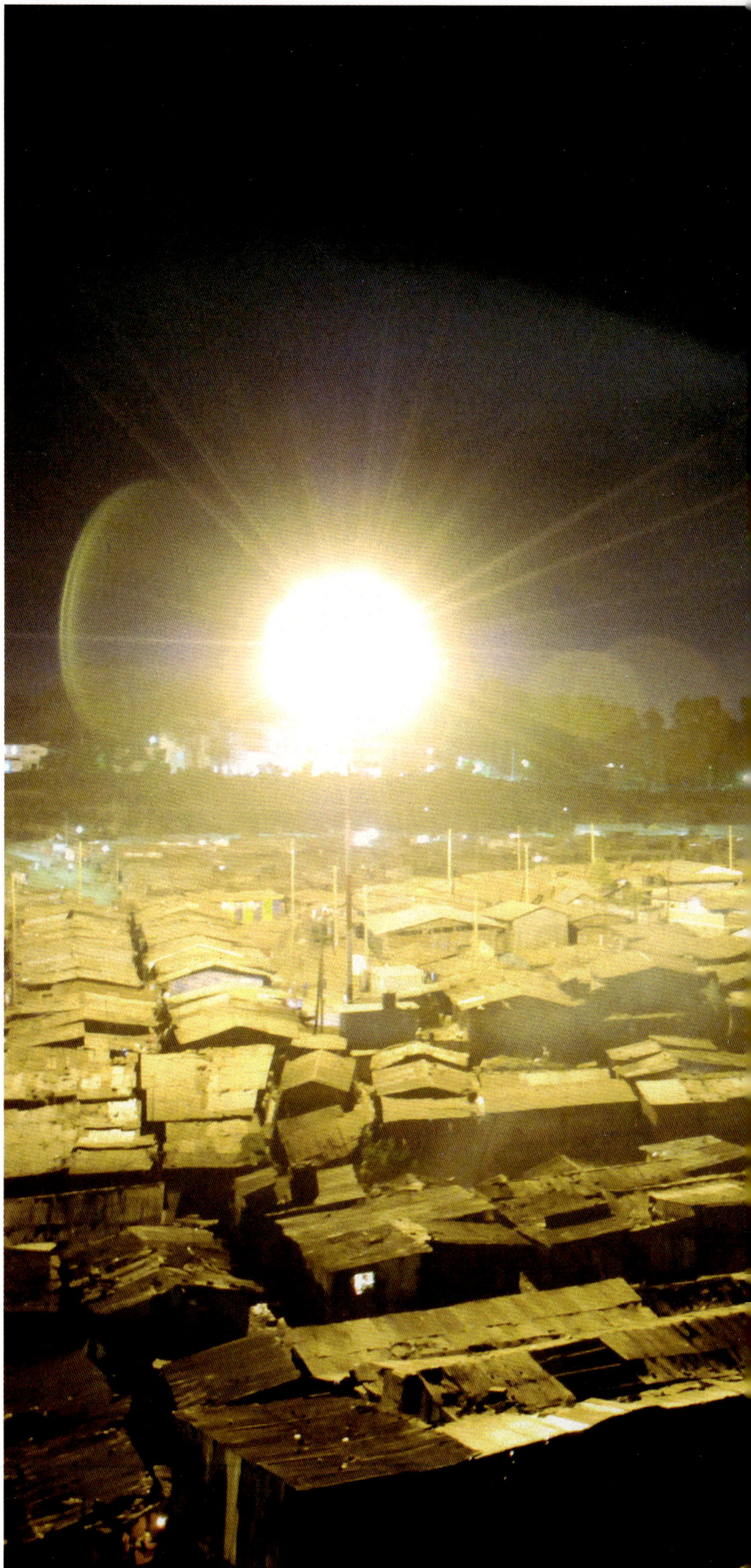

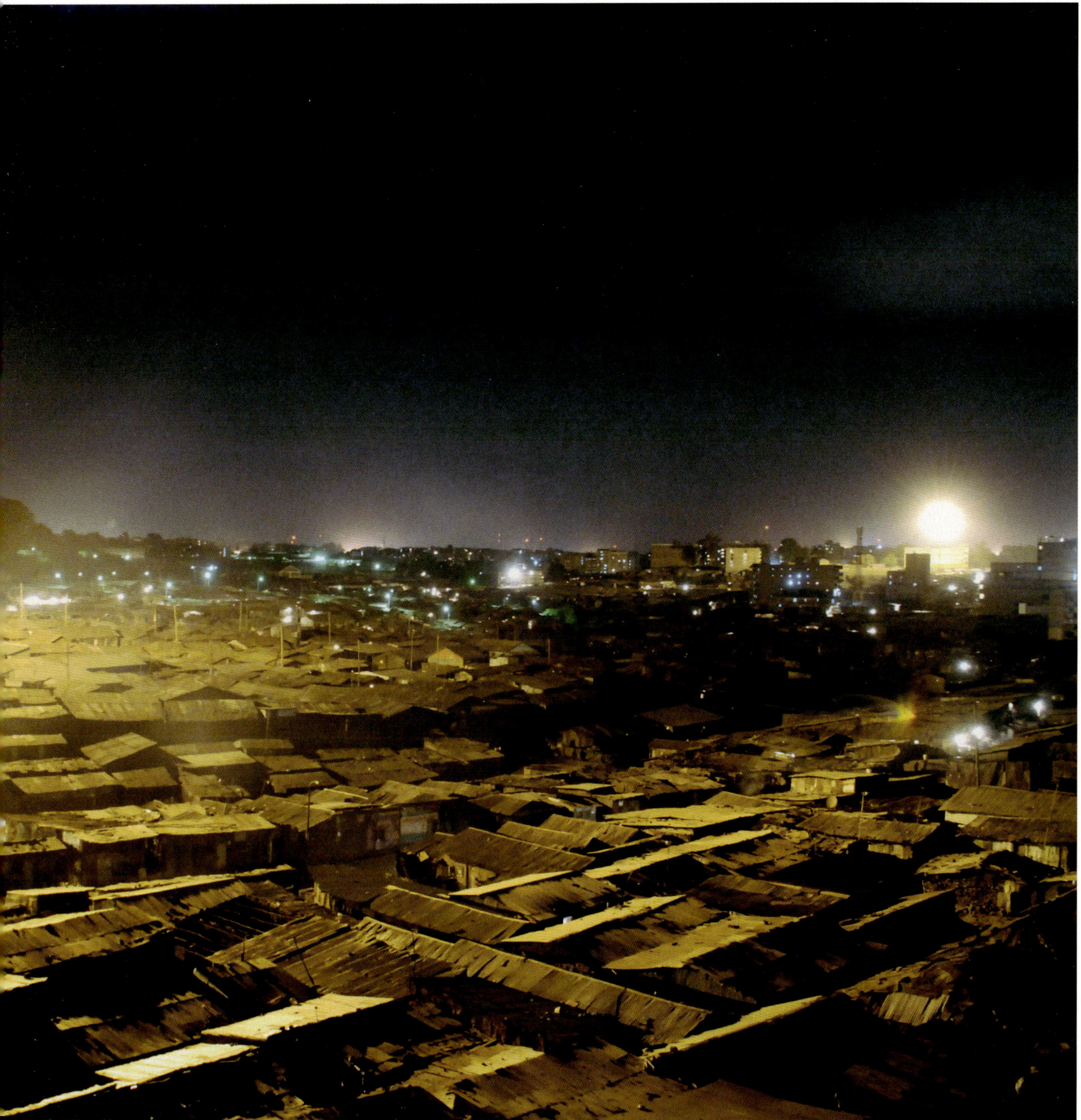

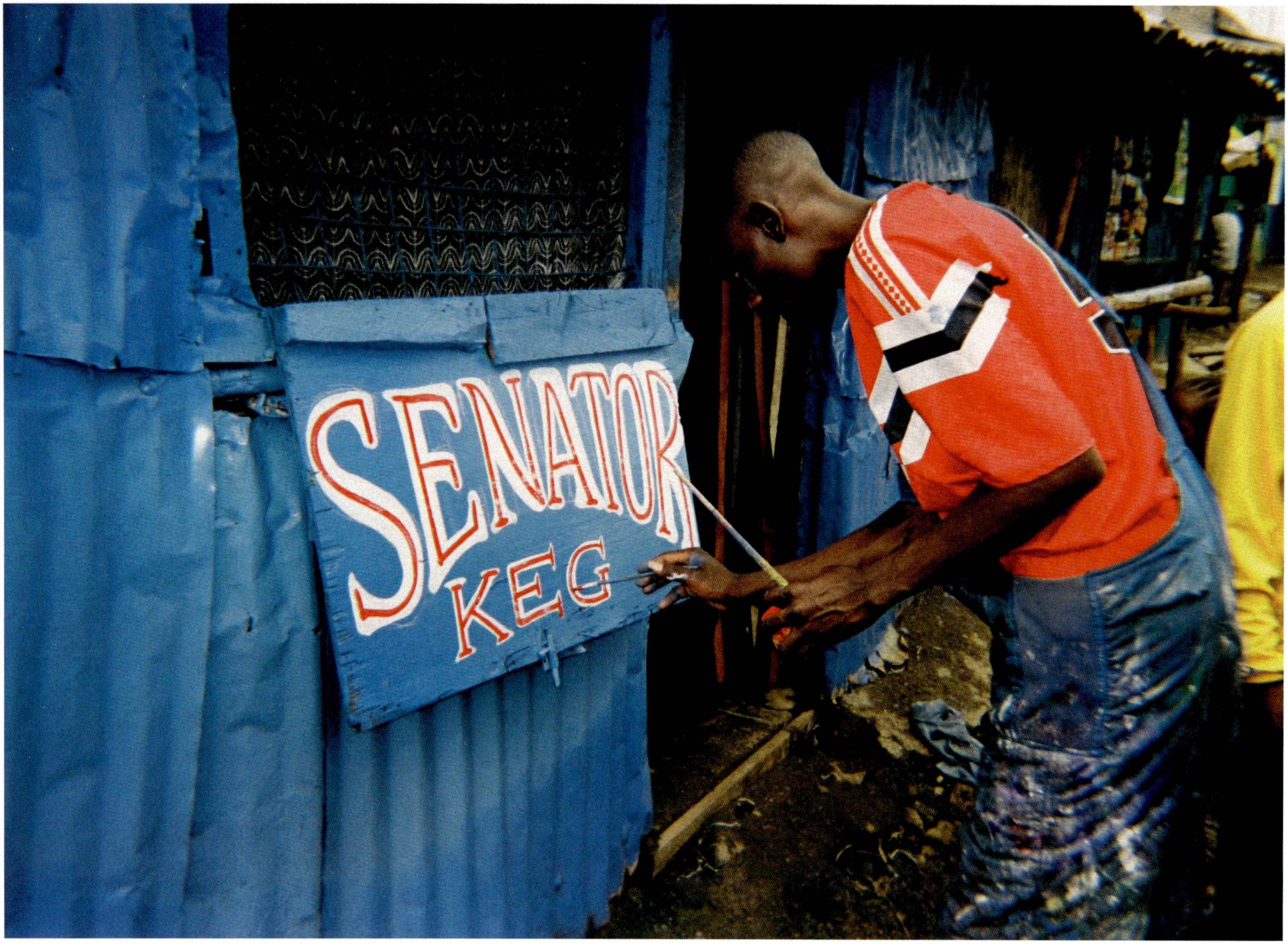
SENATOR
KEG

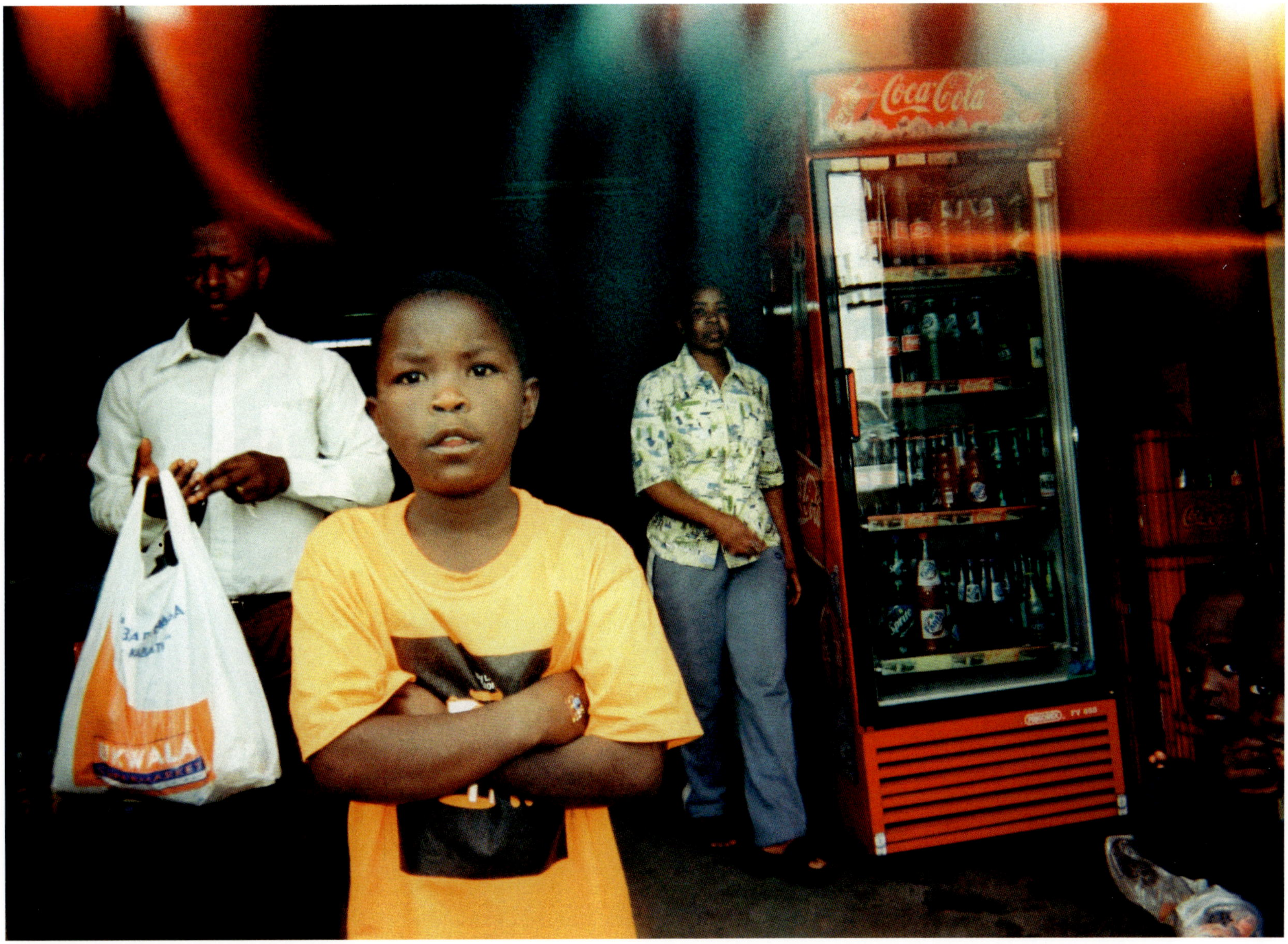
Coca-Cola

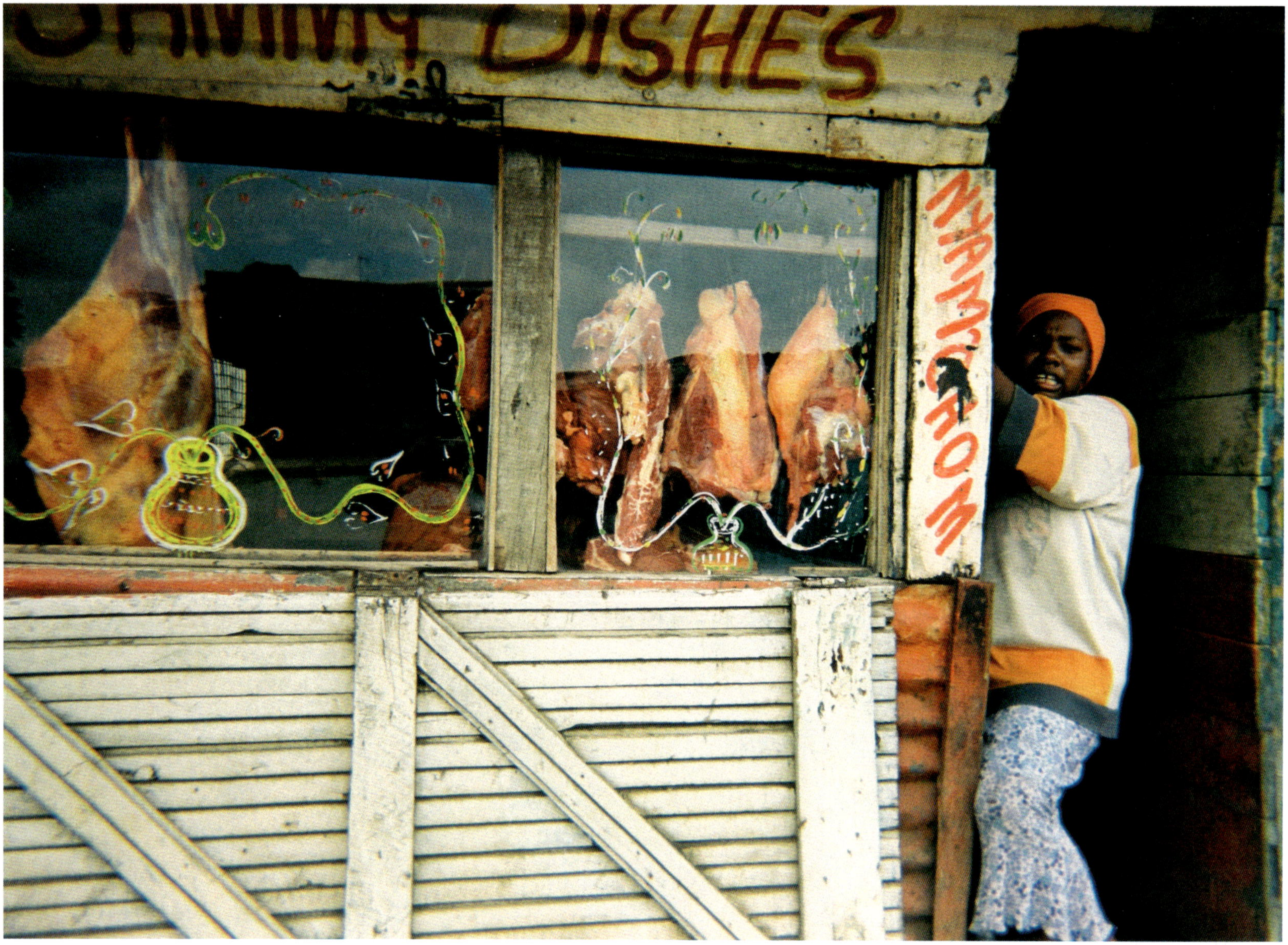
DISHES

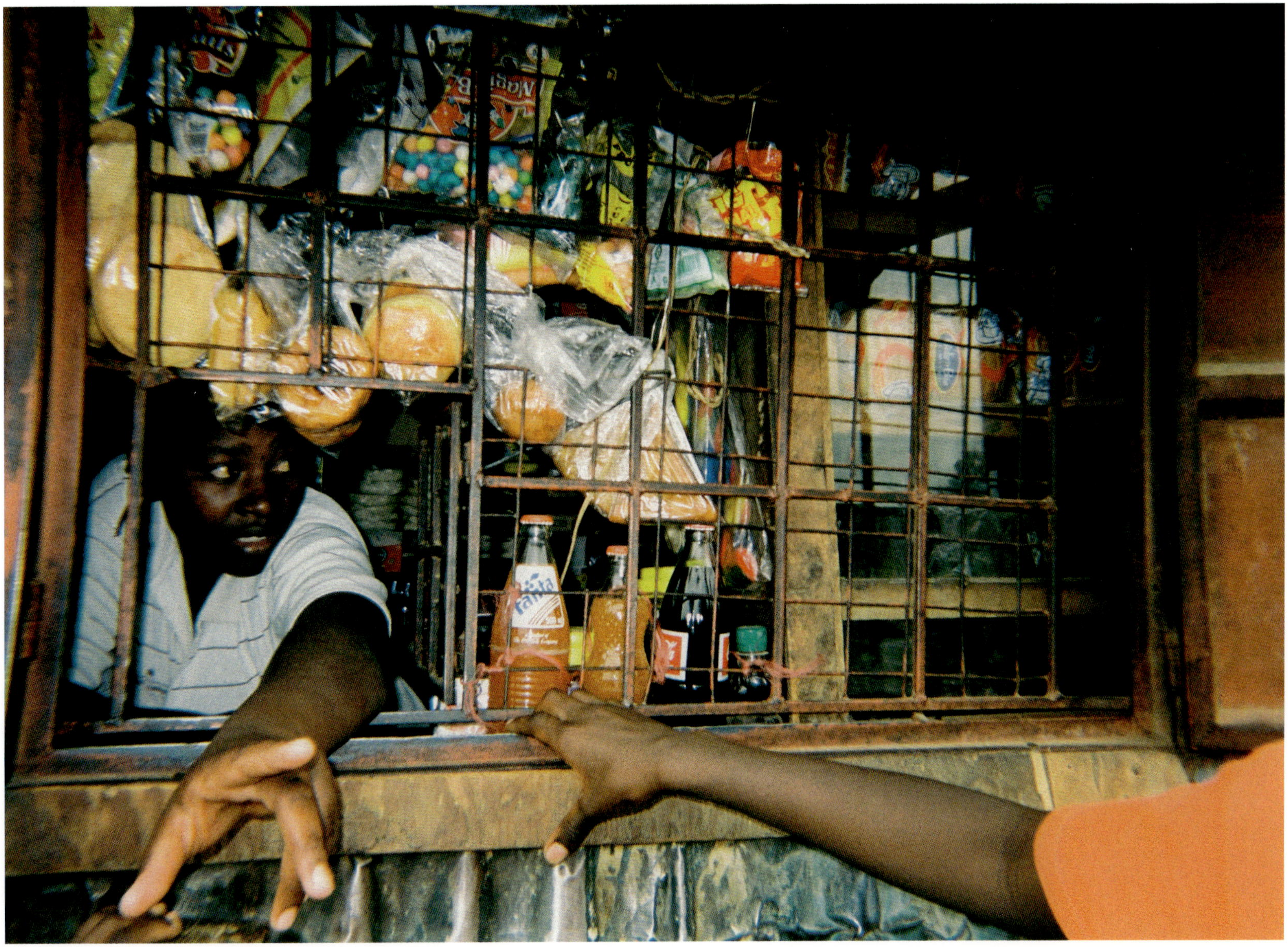
Fanta

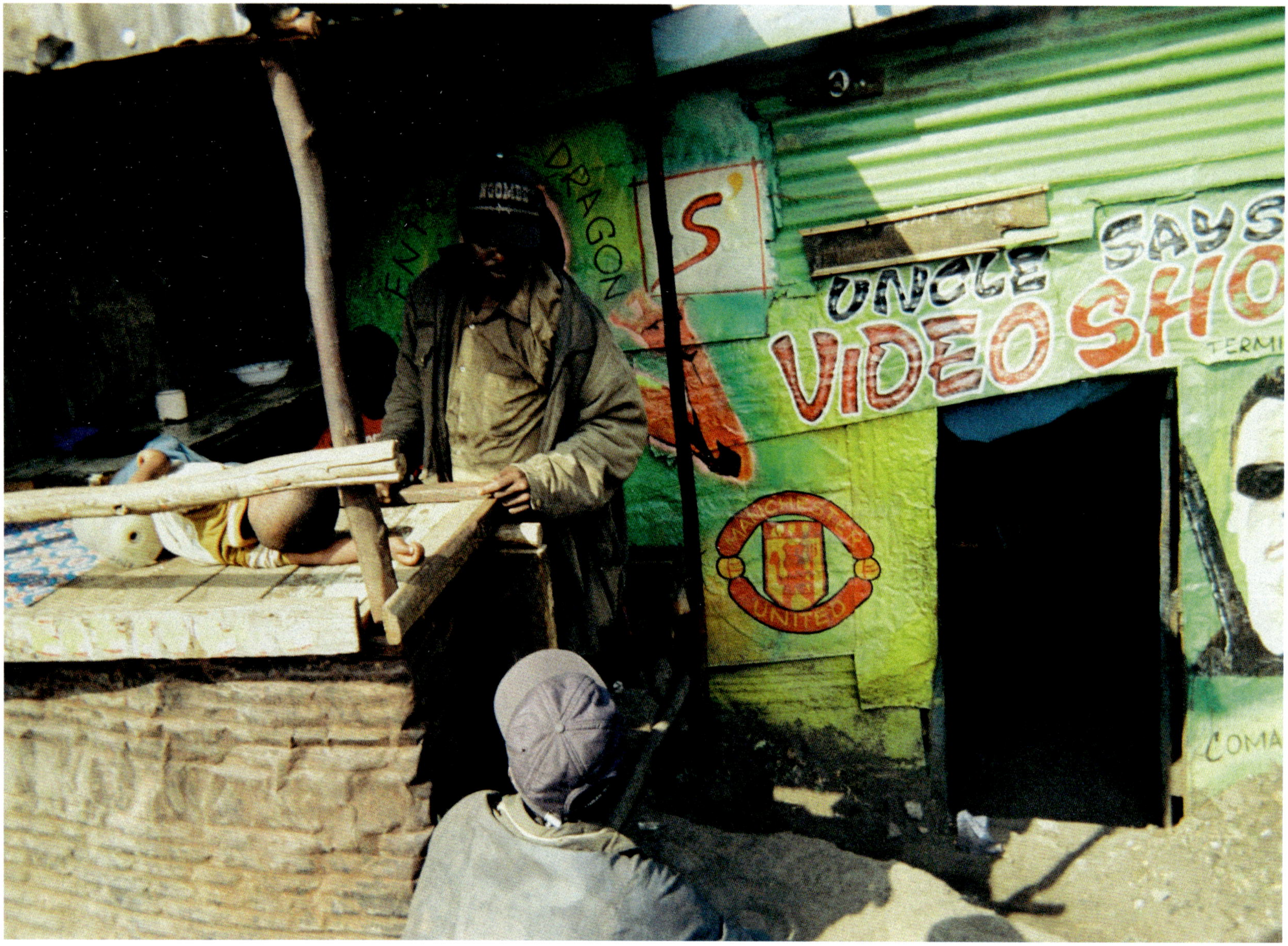
DRAGON
UNCLE
SAYS
VIDEO
MANCHESTER
UNITED

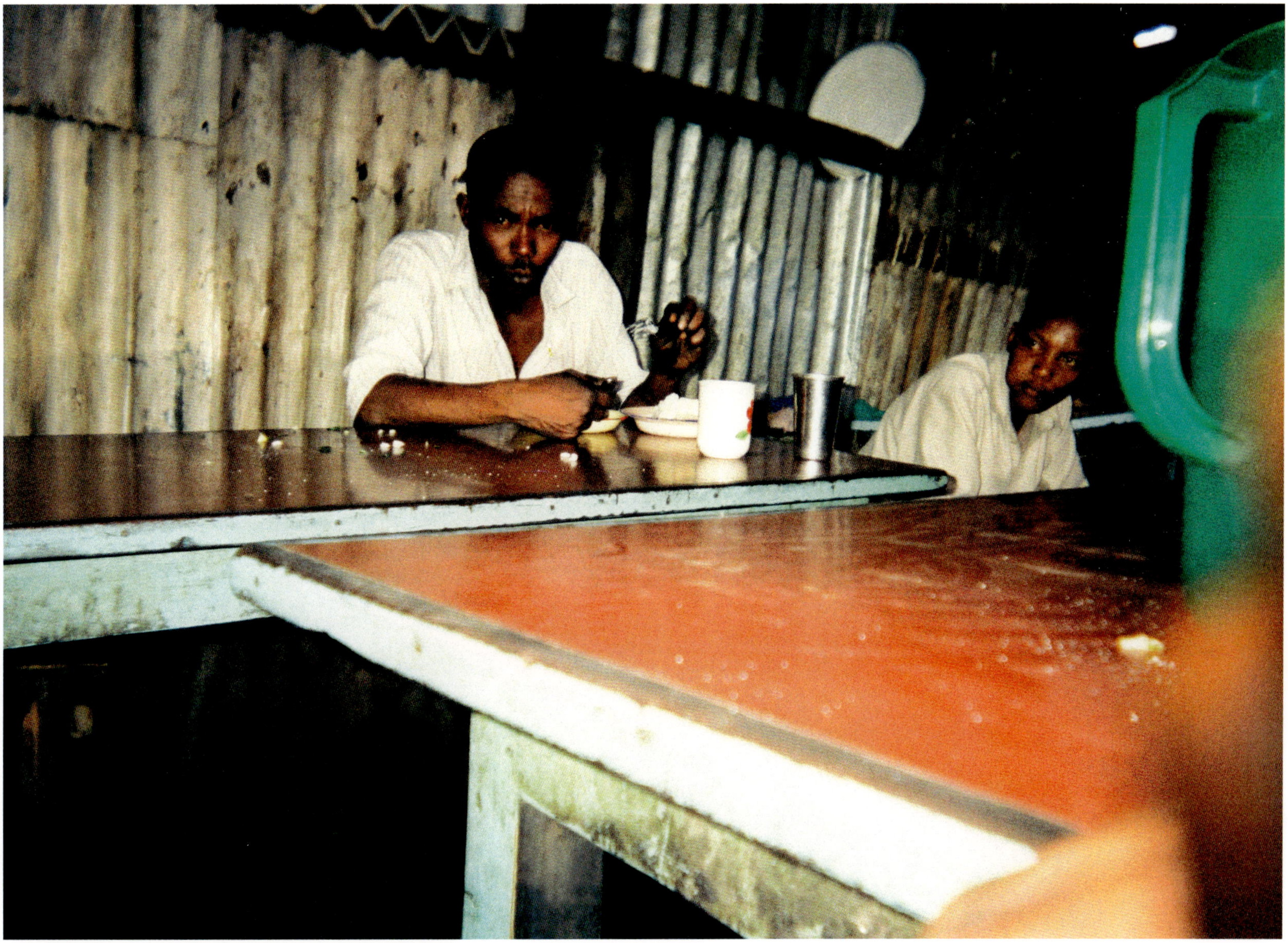

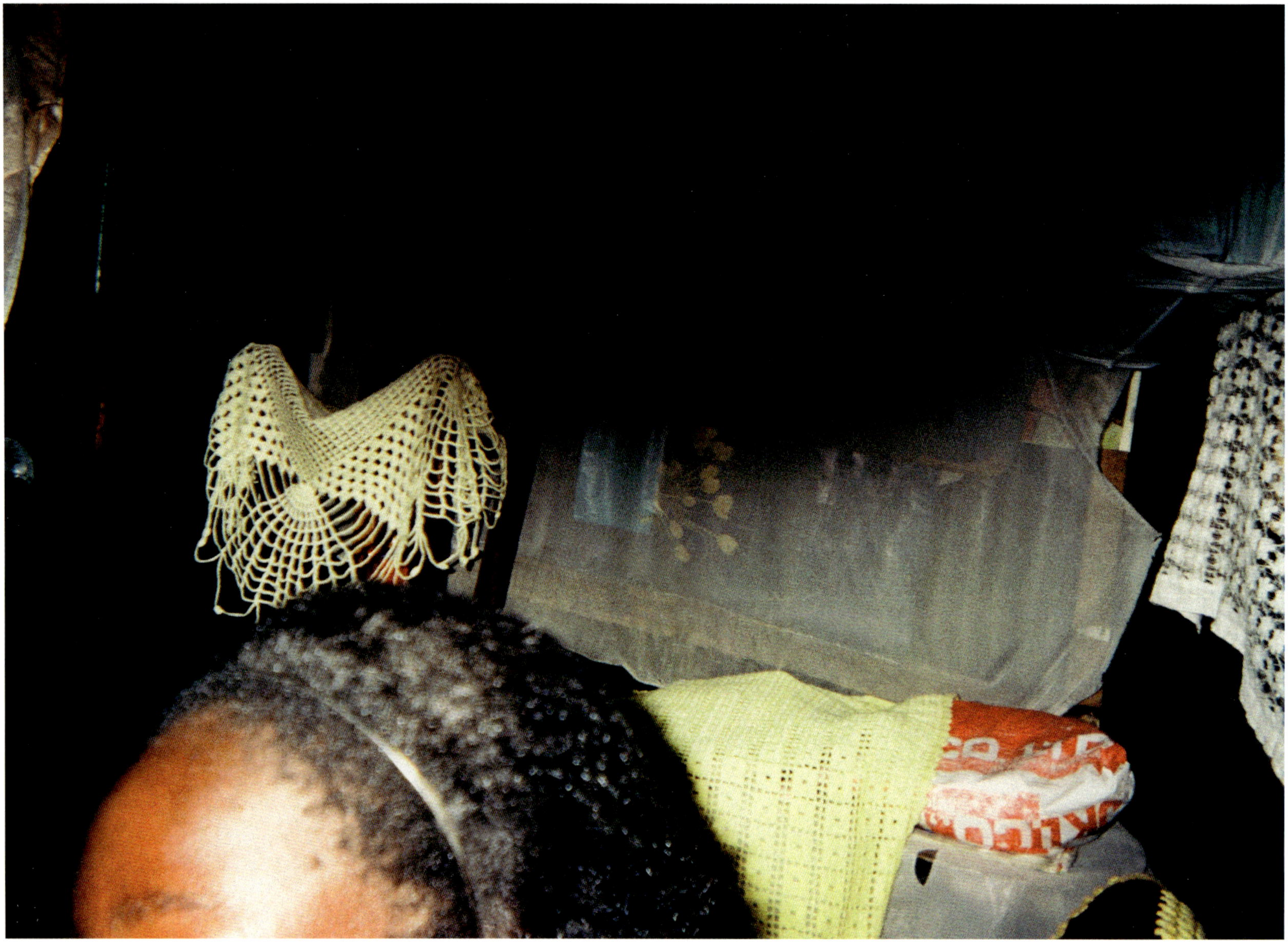

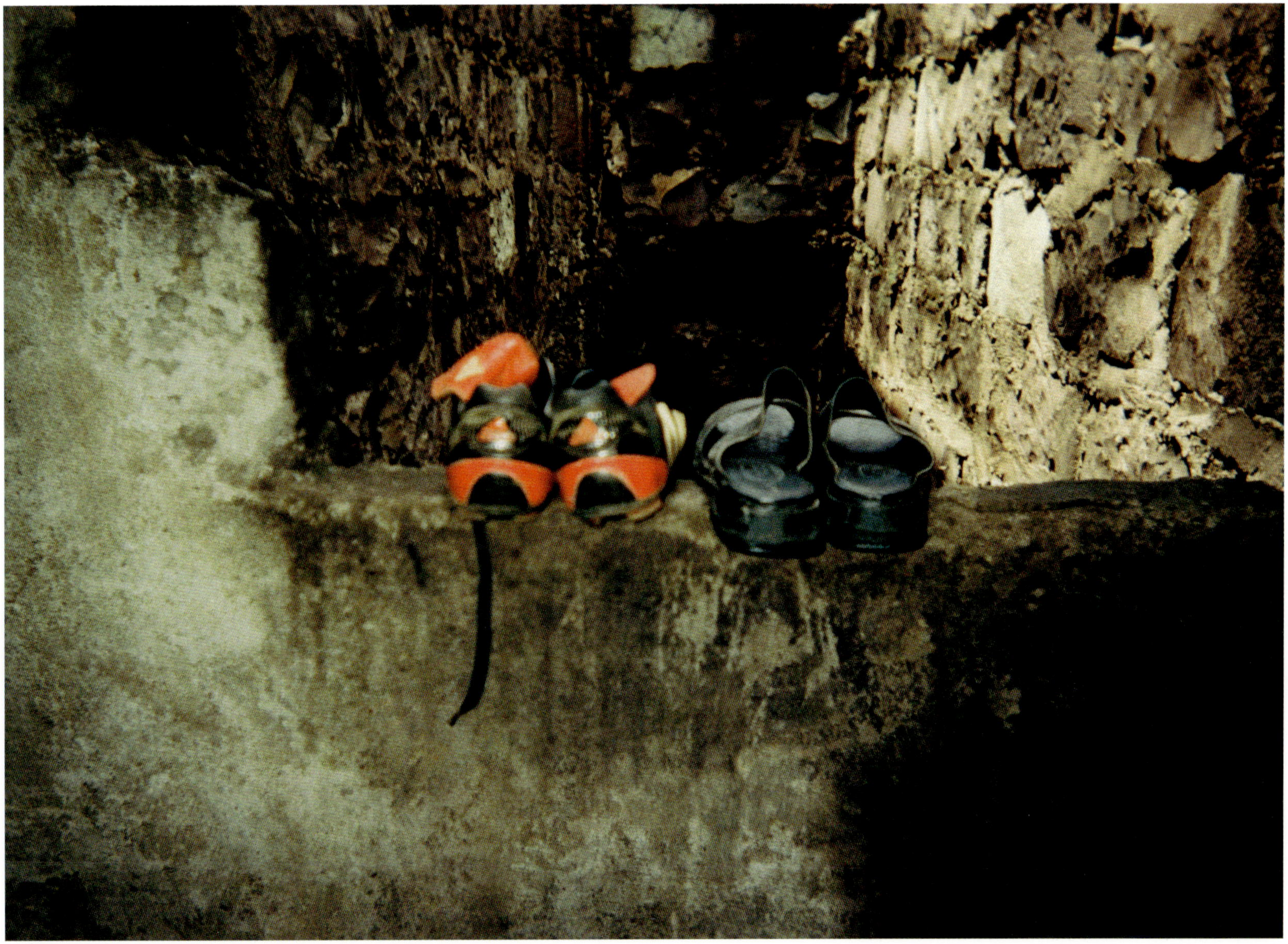

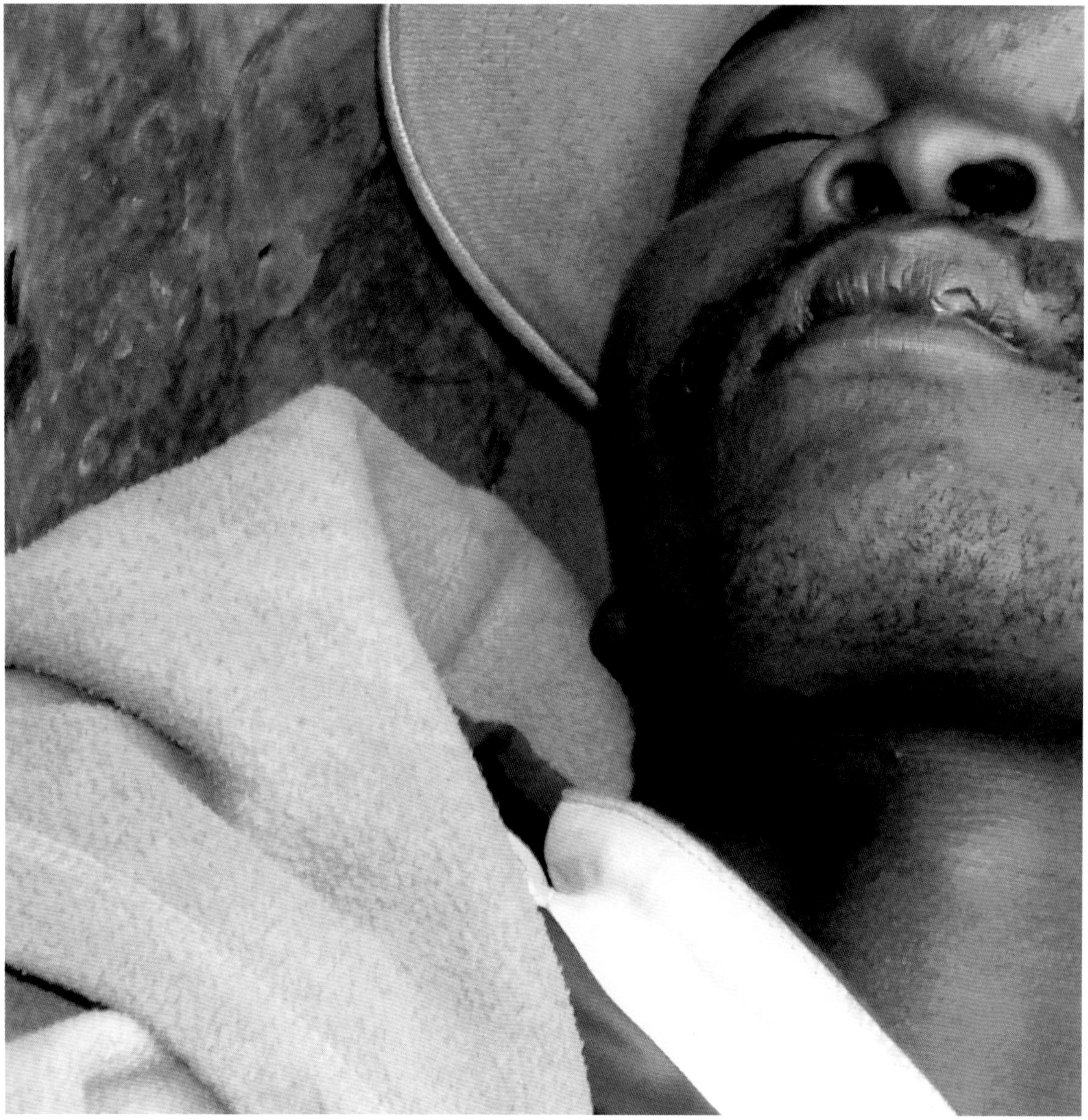

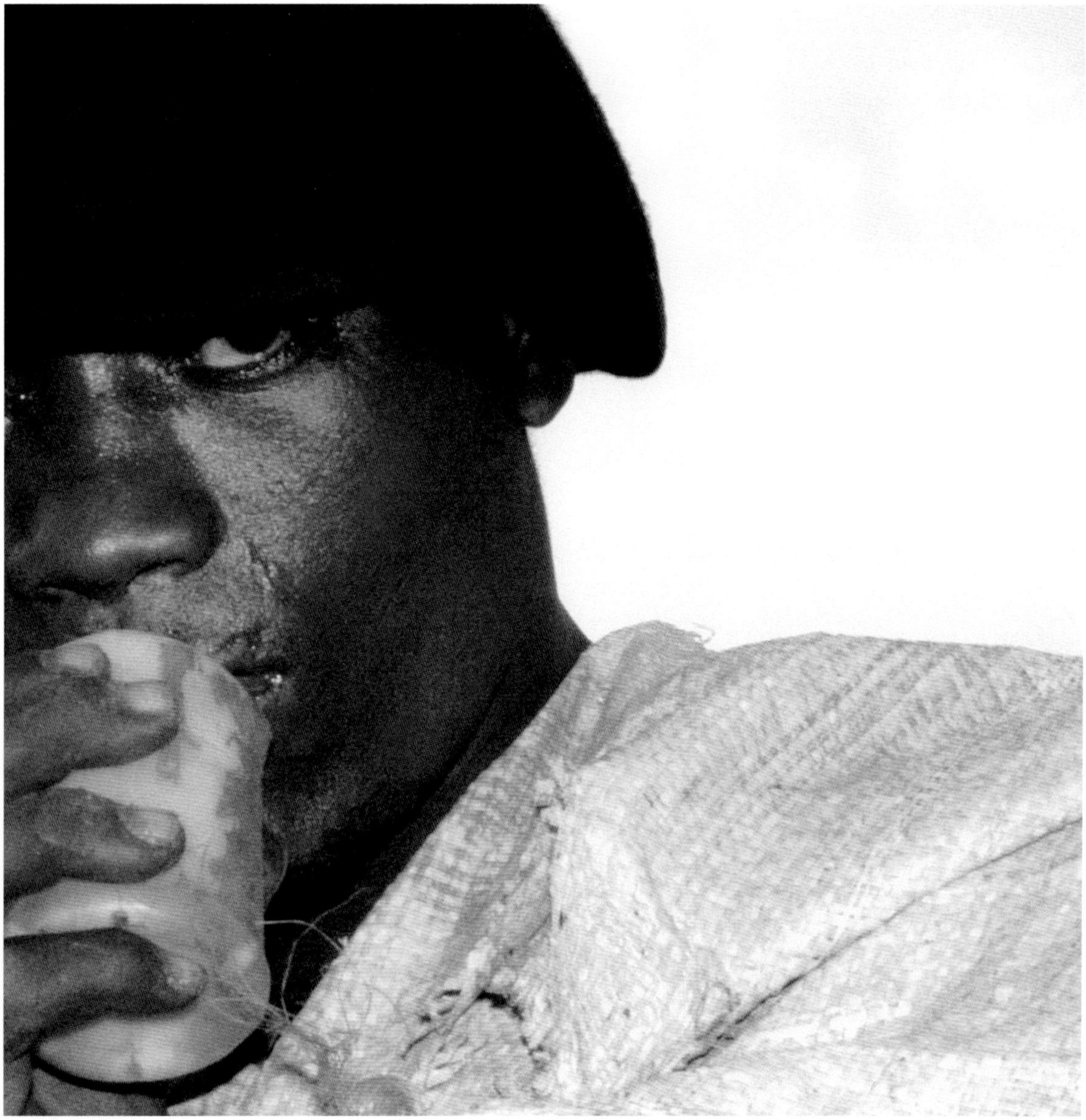

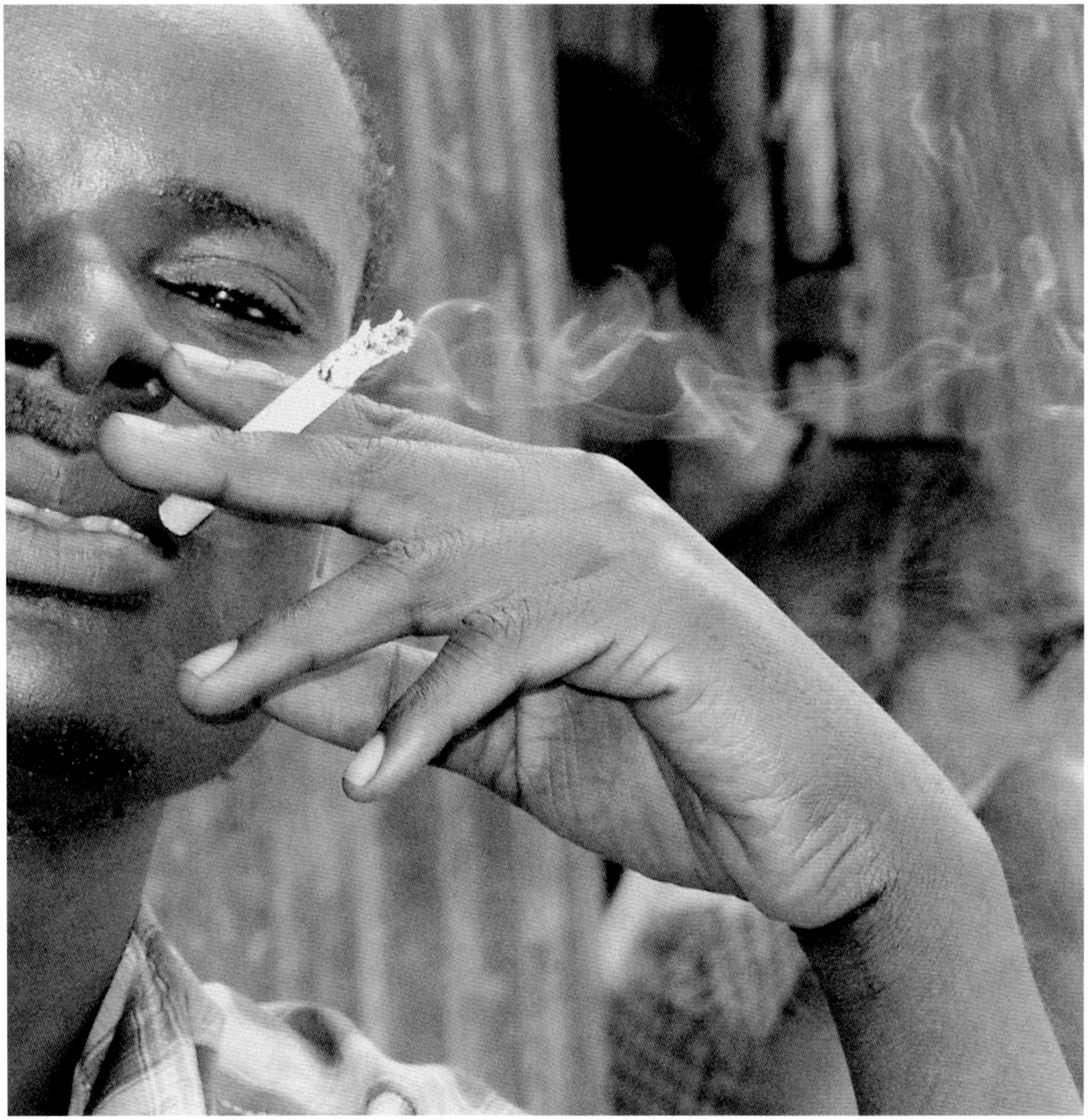

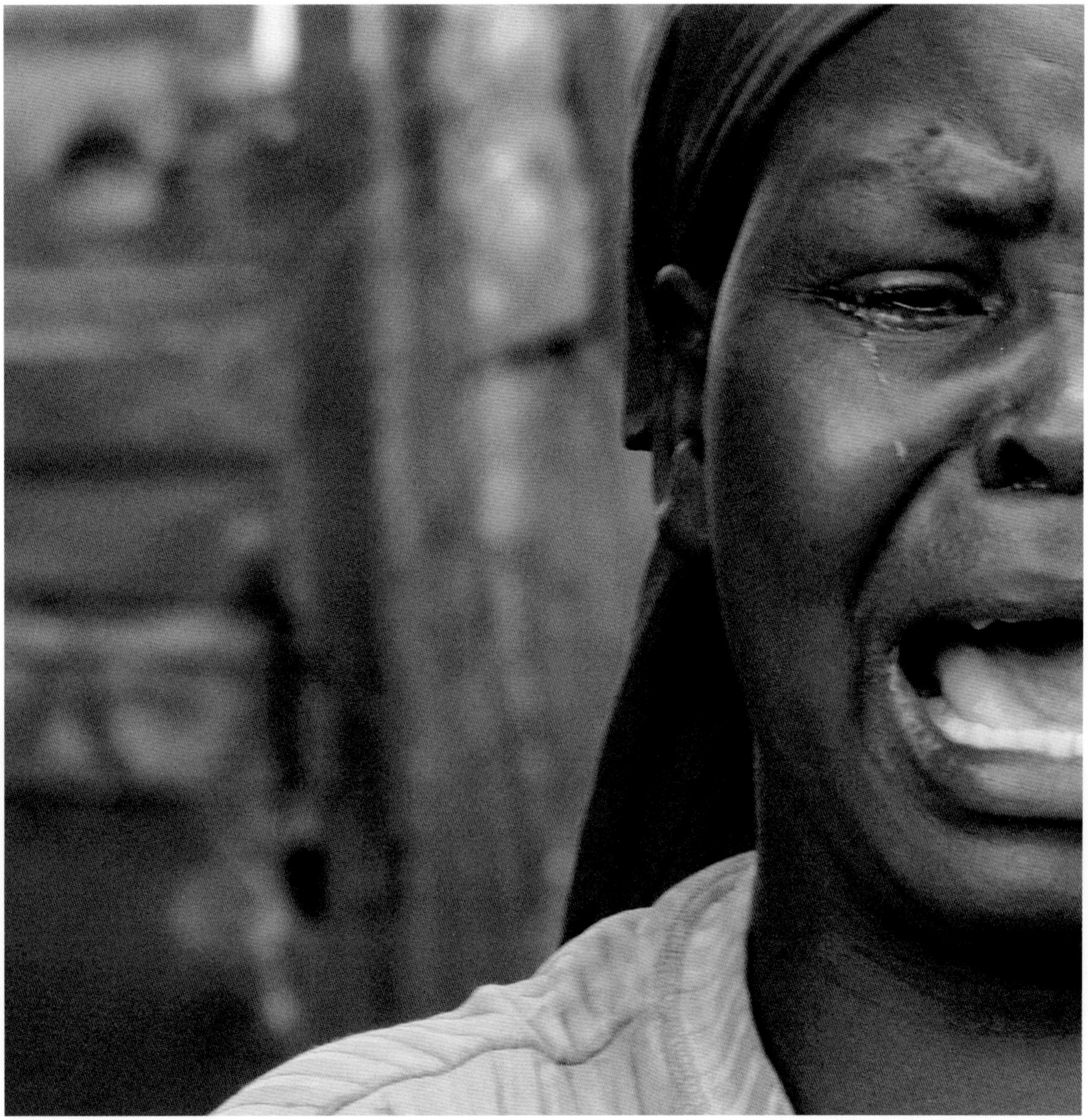

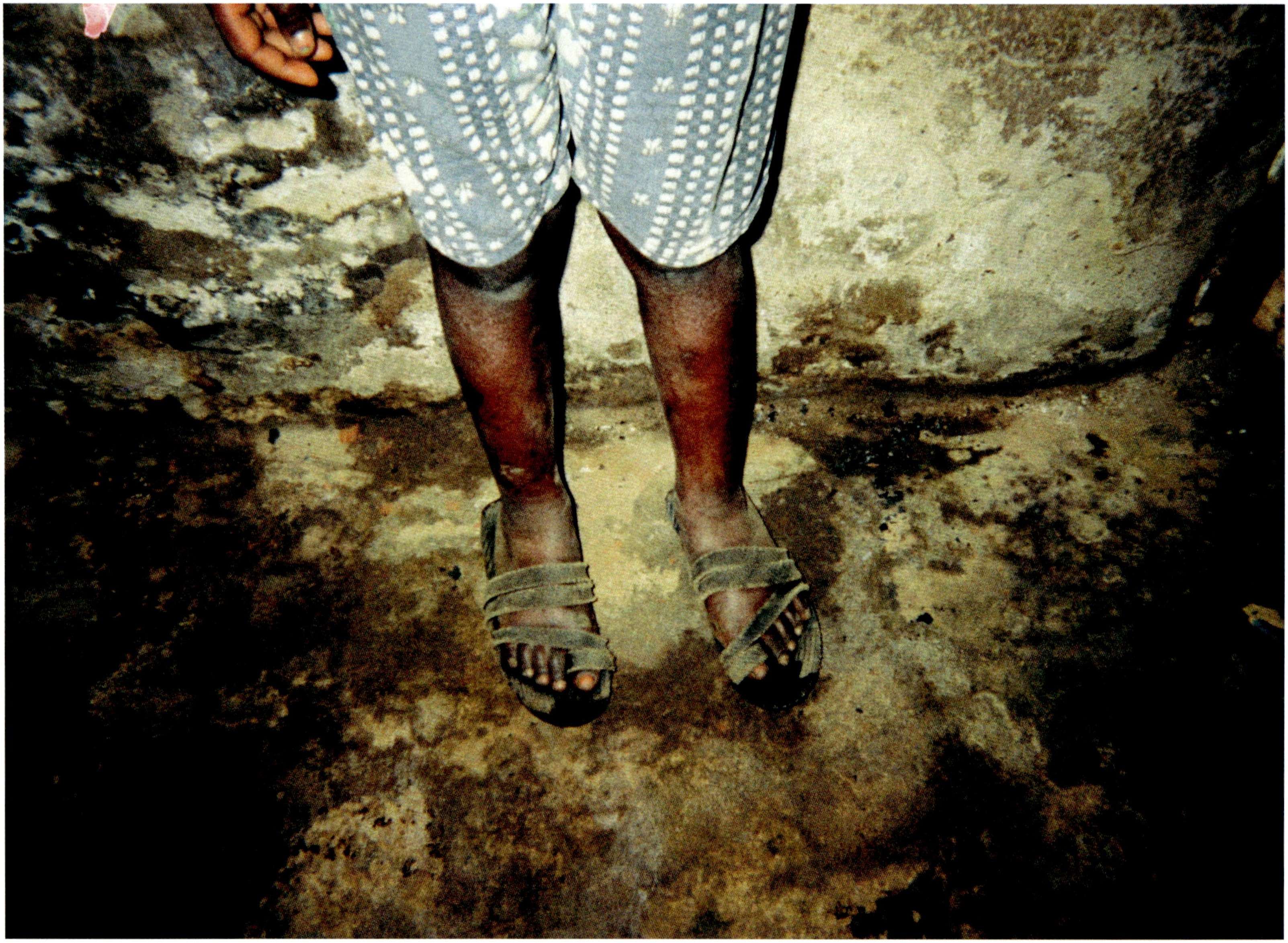

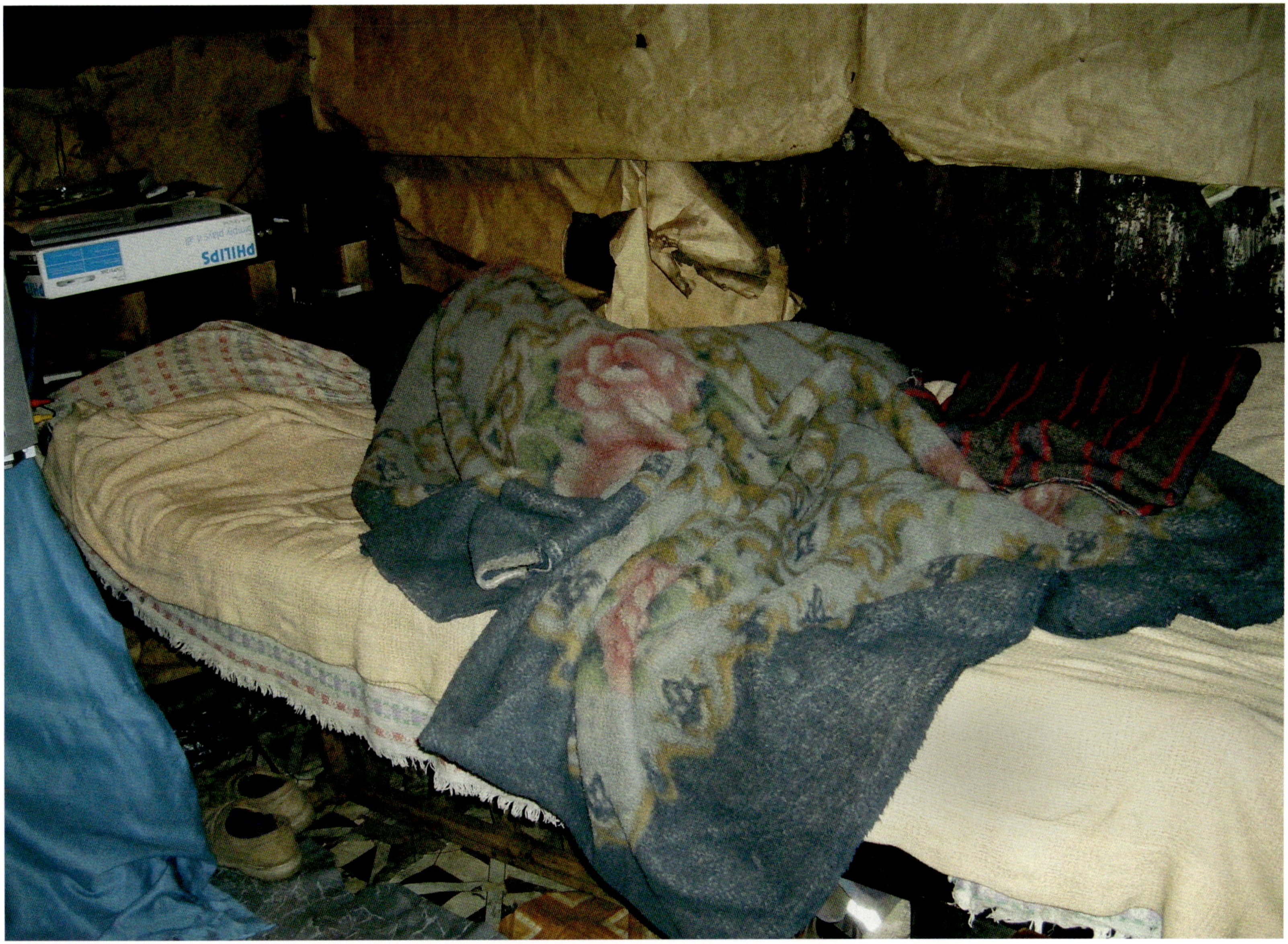
PHILIPS

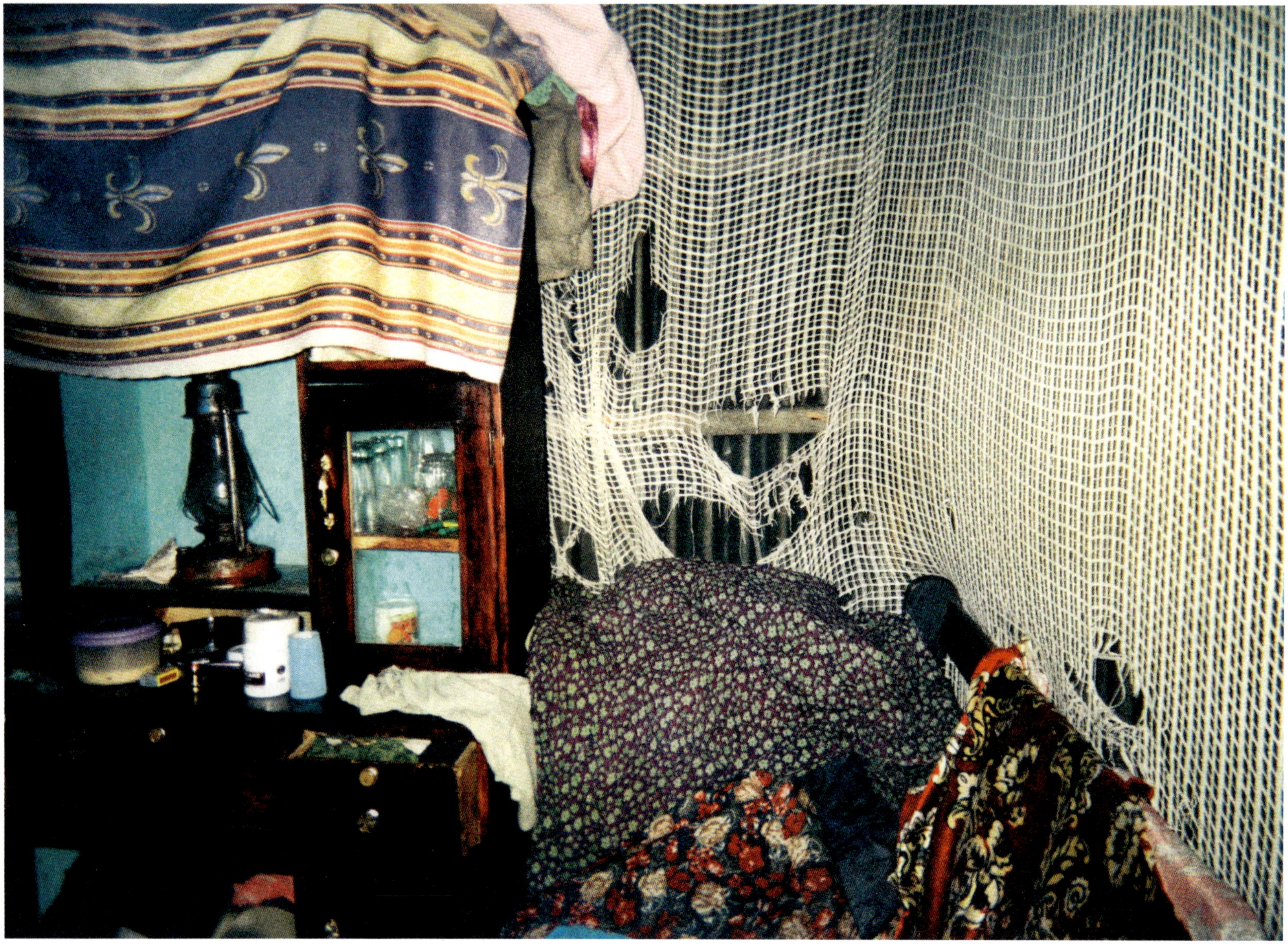

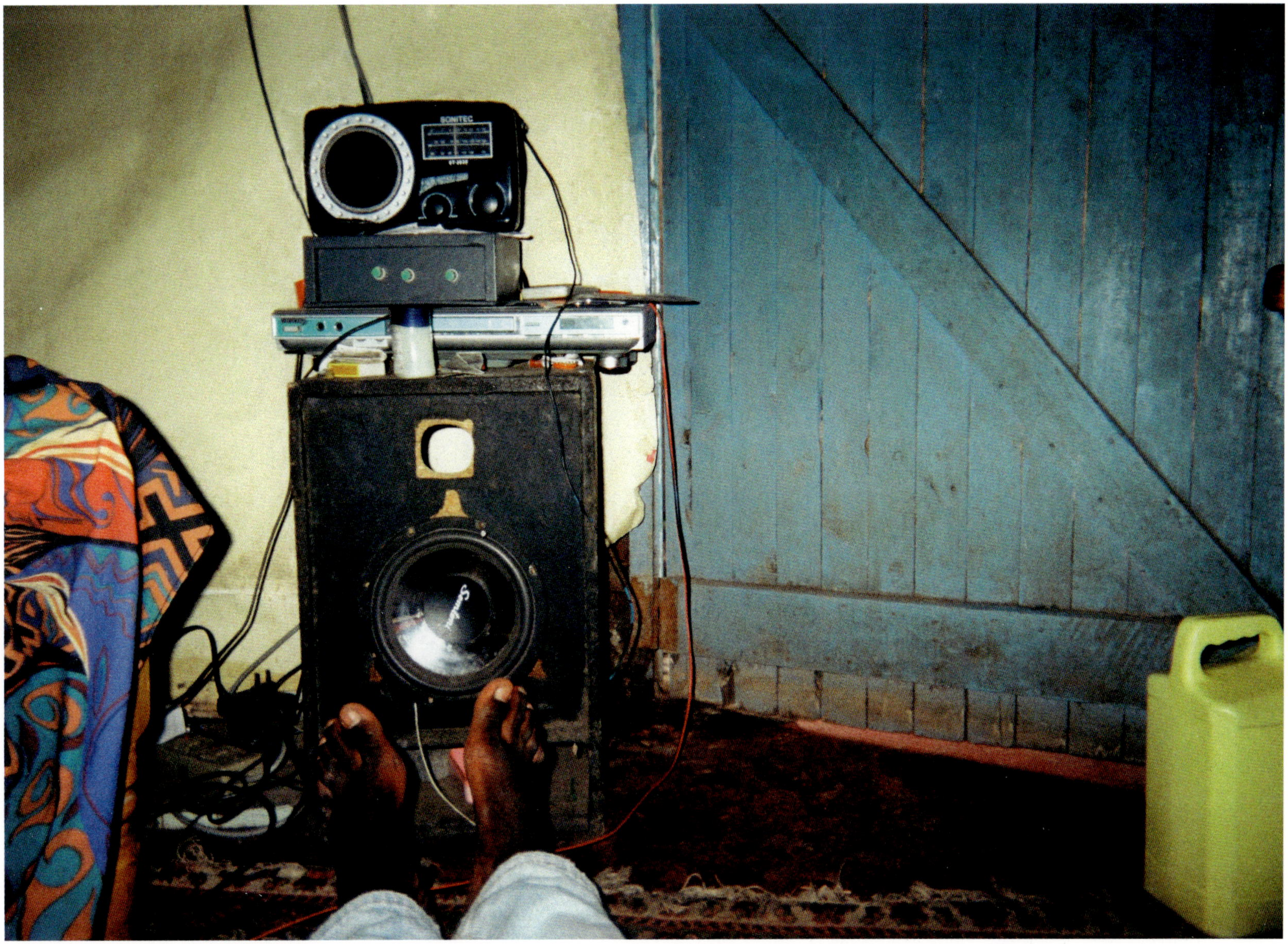
SONITEC

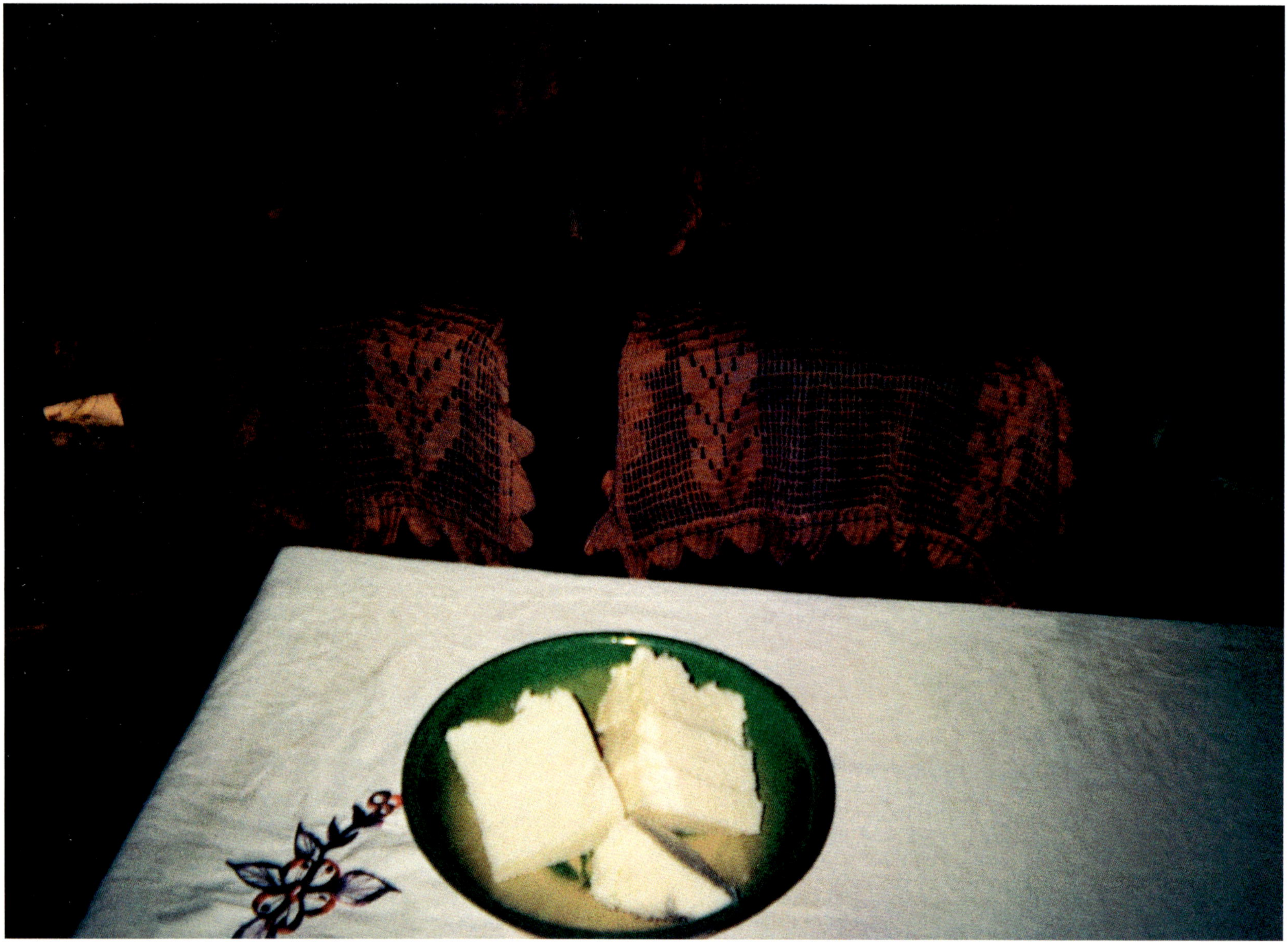

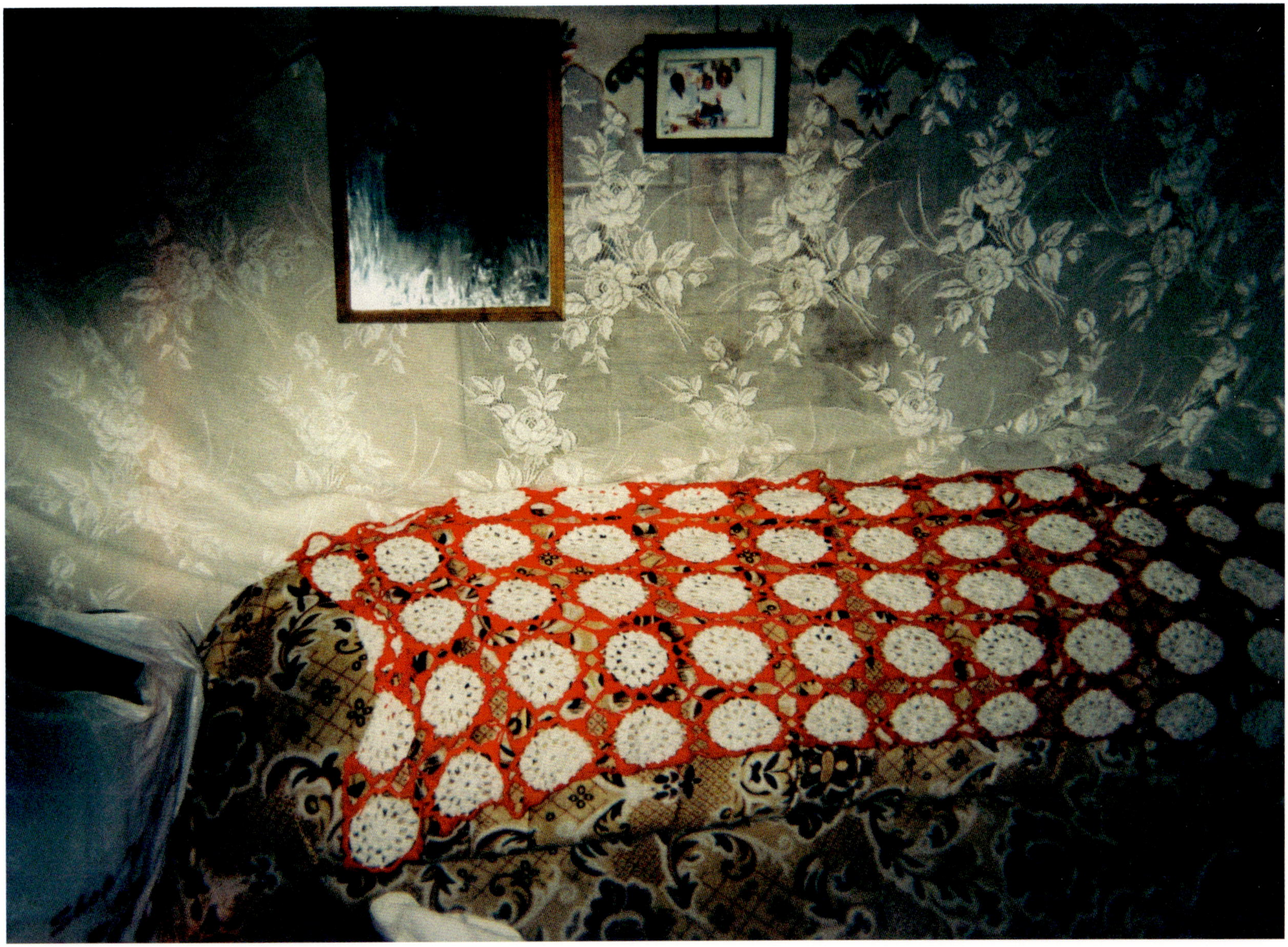

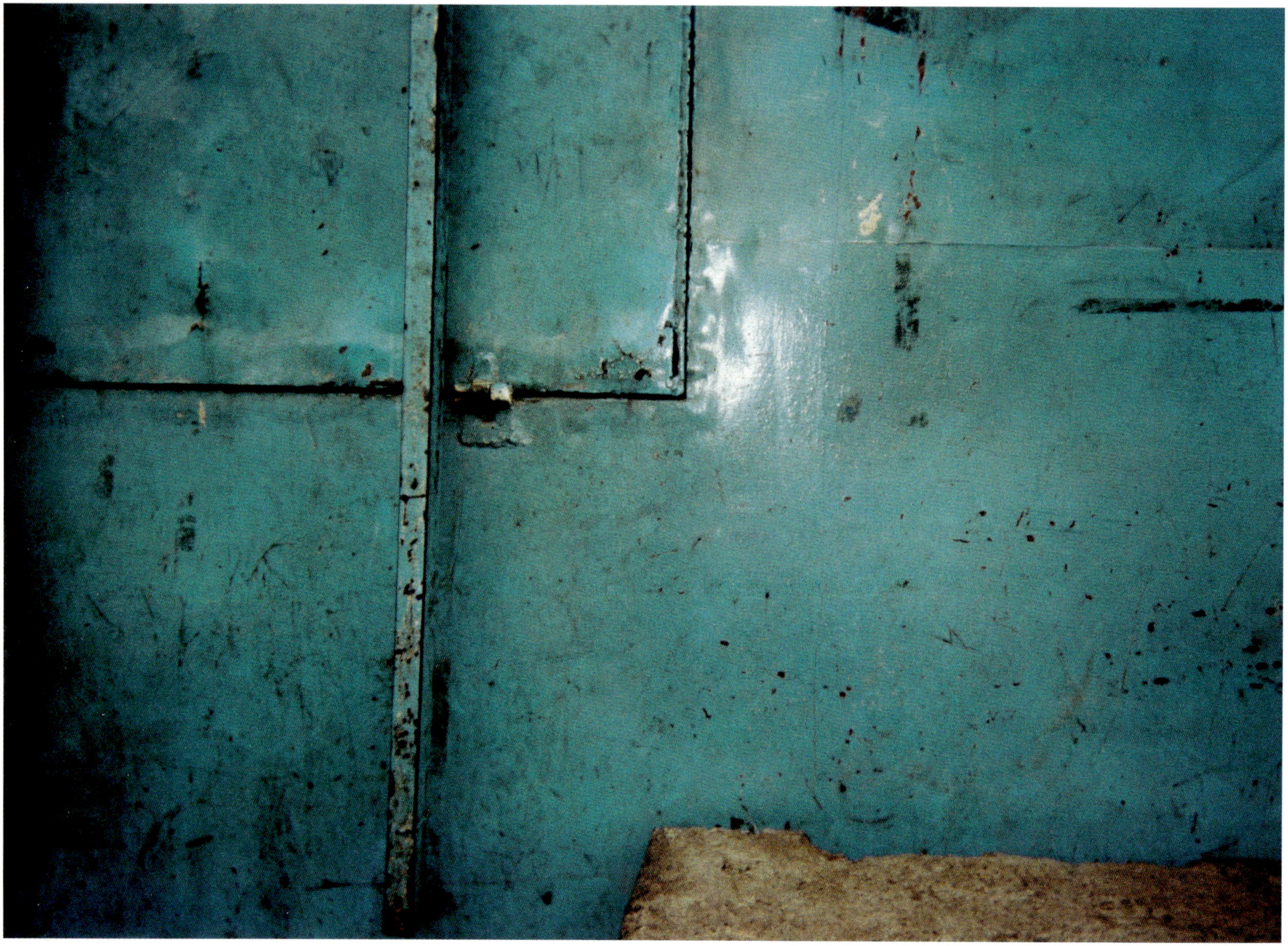

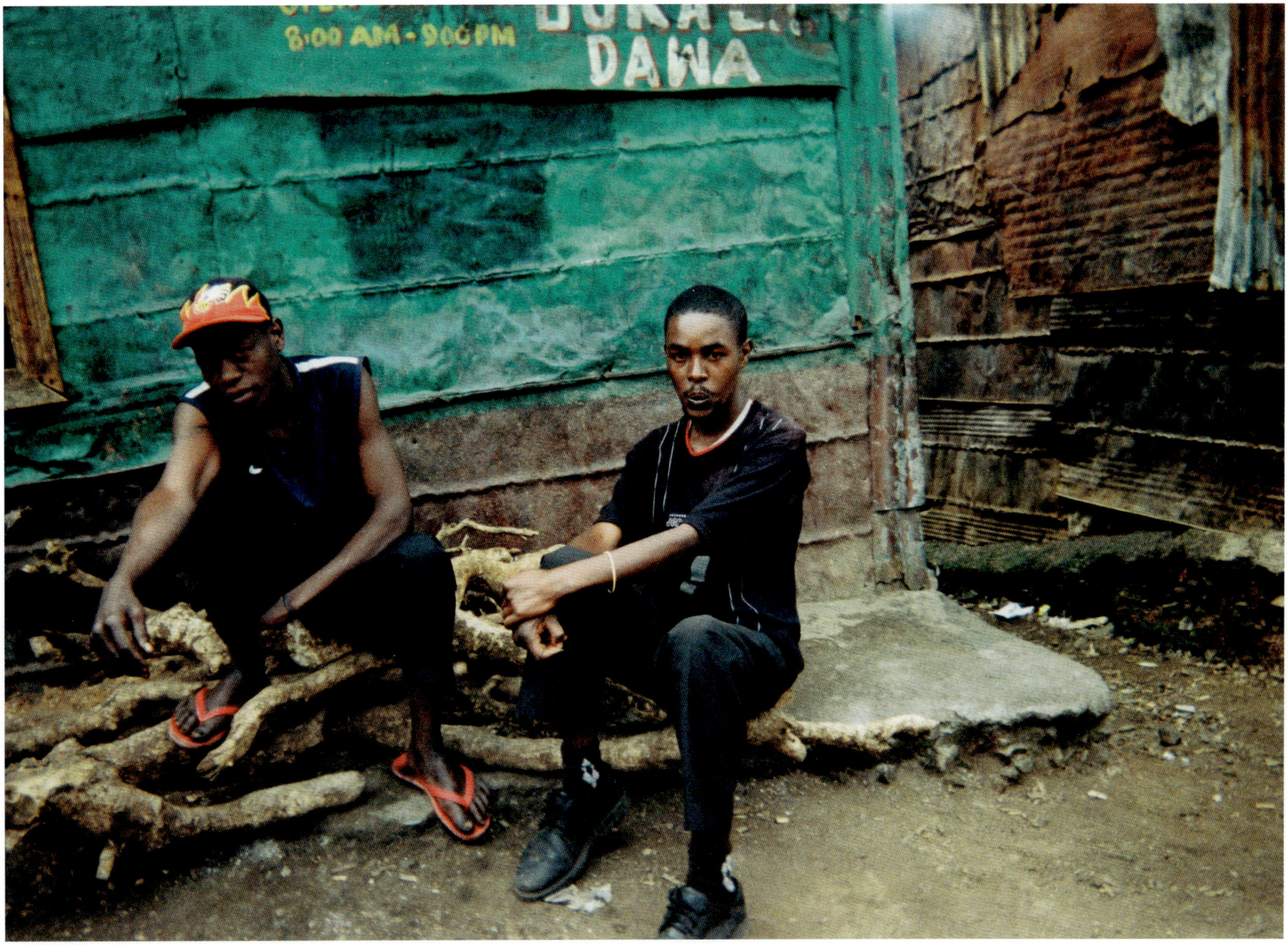
8:00 AM - 9:00PM
DAWA

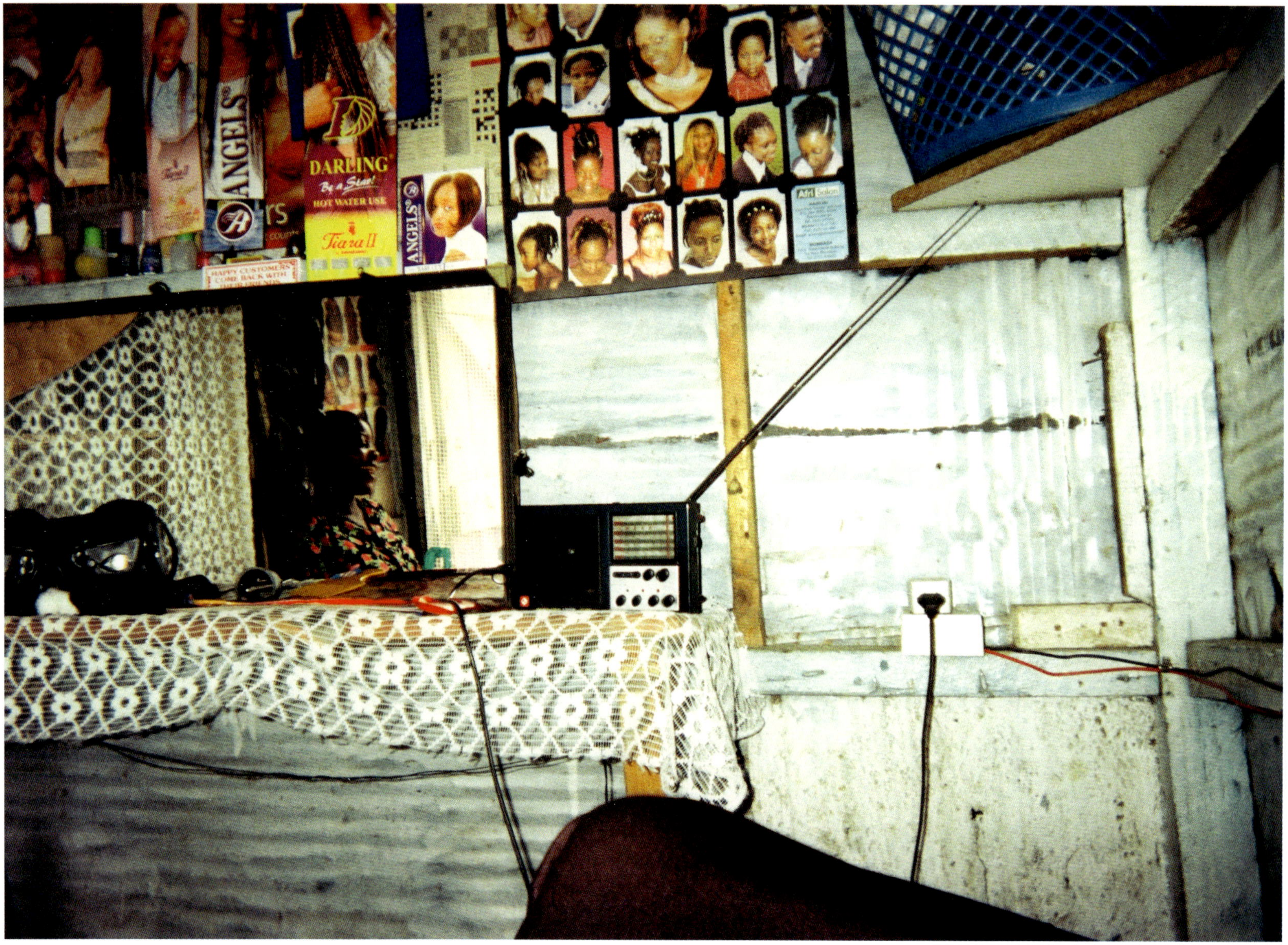
ANGELS
DARLING
Be a Star!
HOT WATER USE
Tiara II
ANGELS

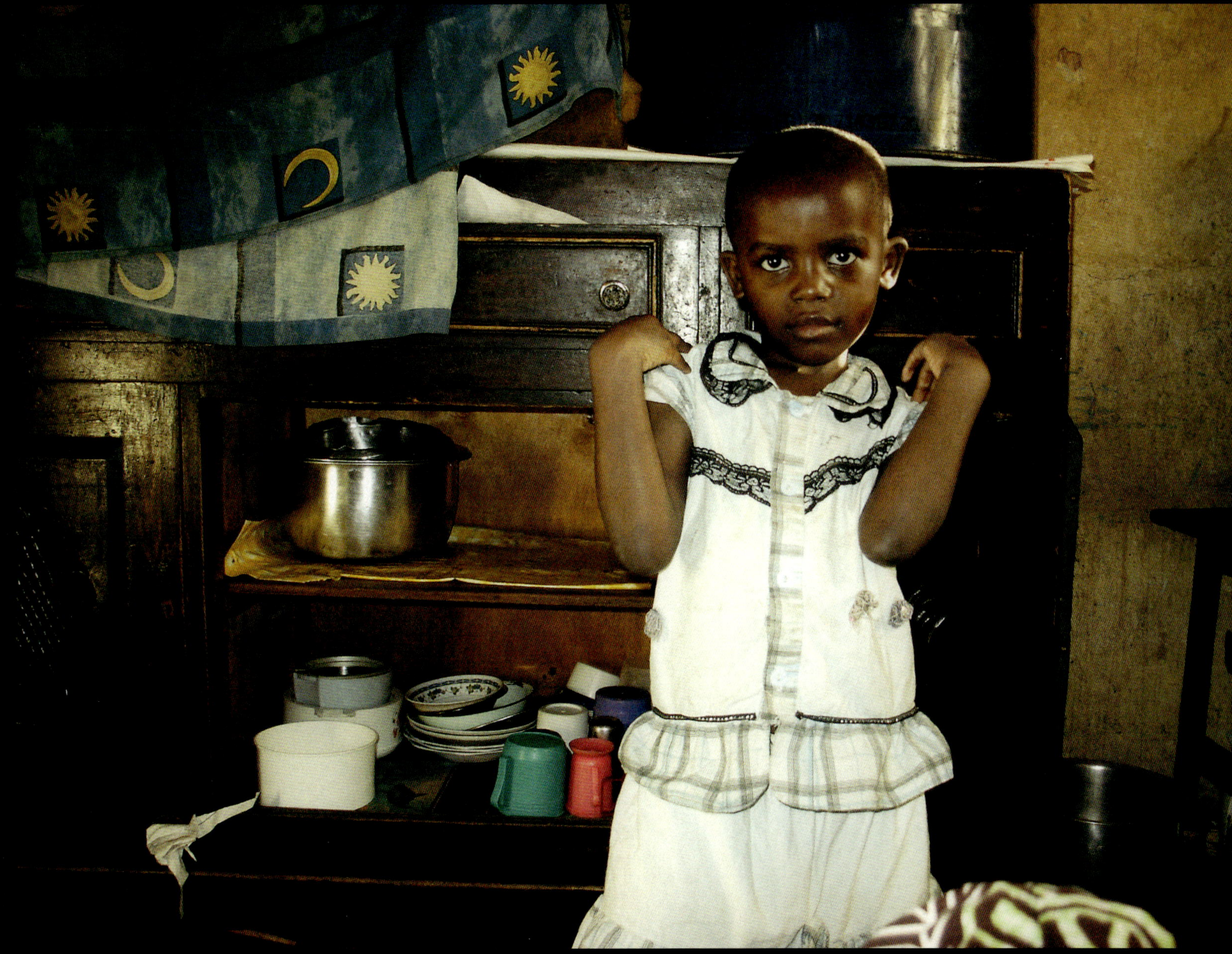

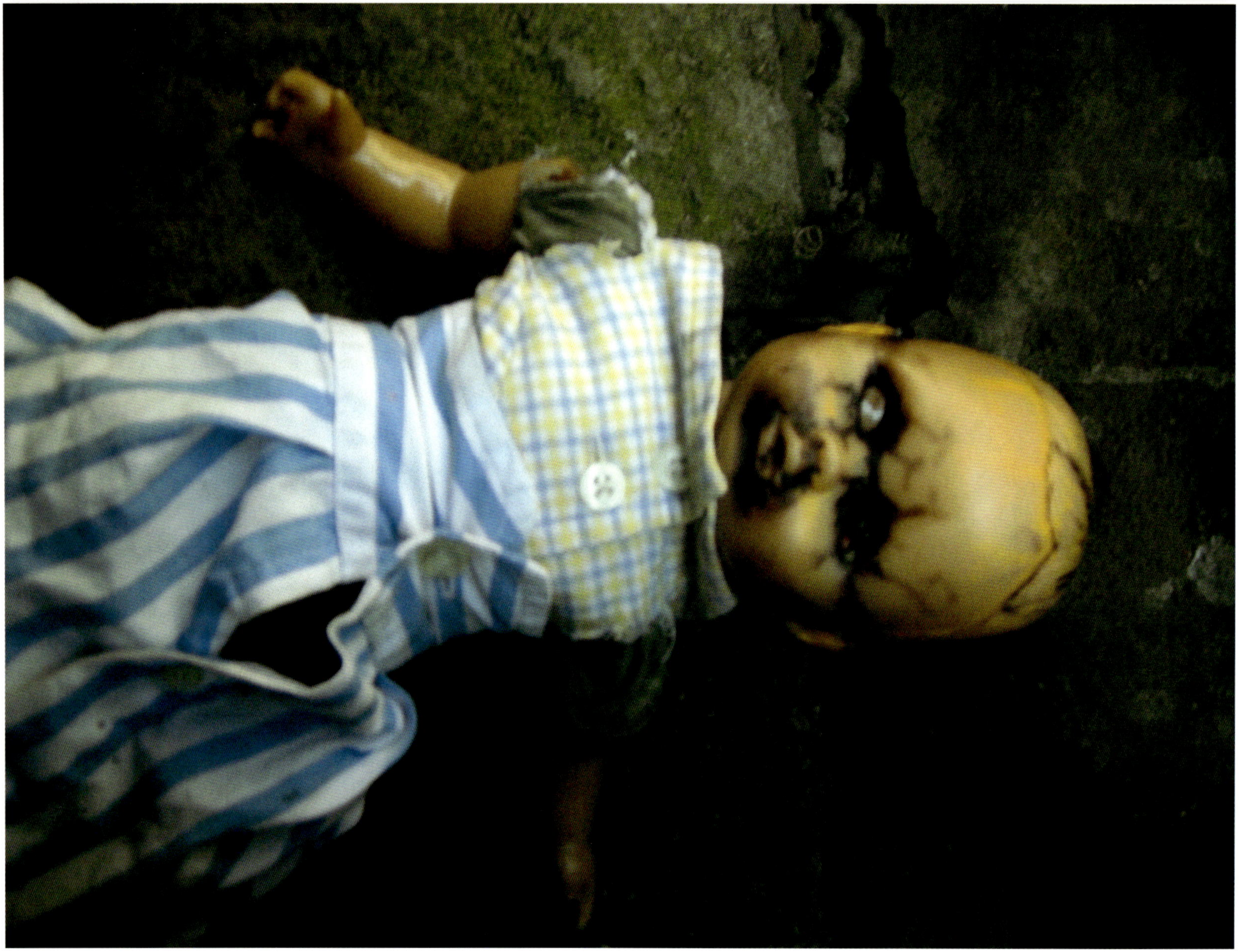

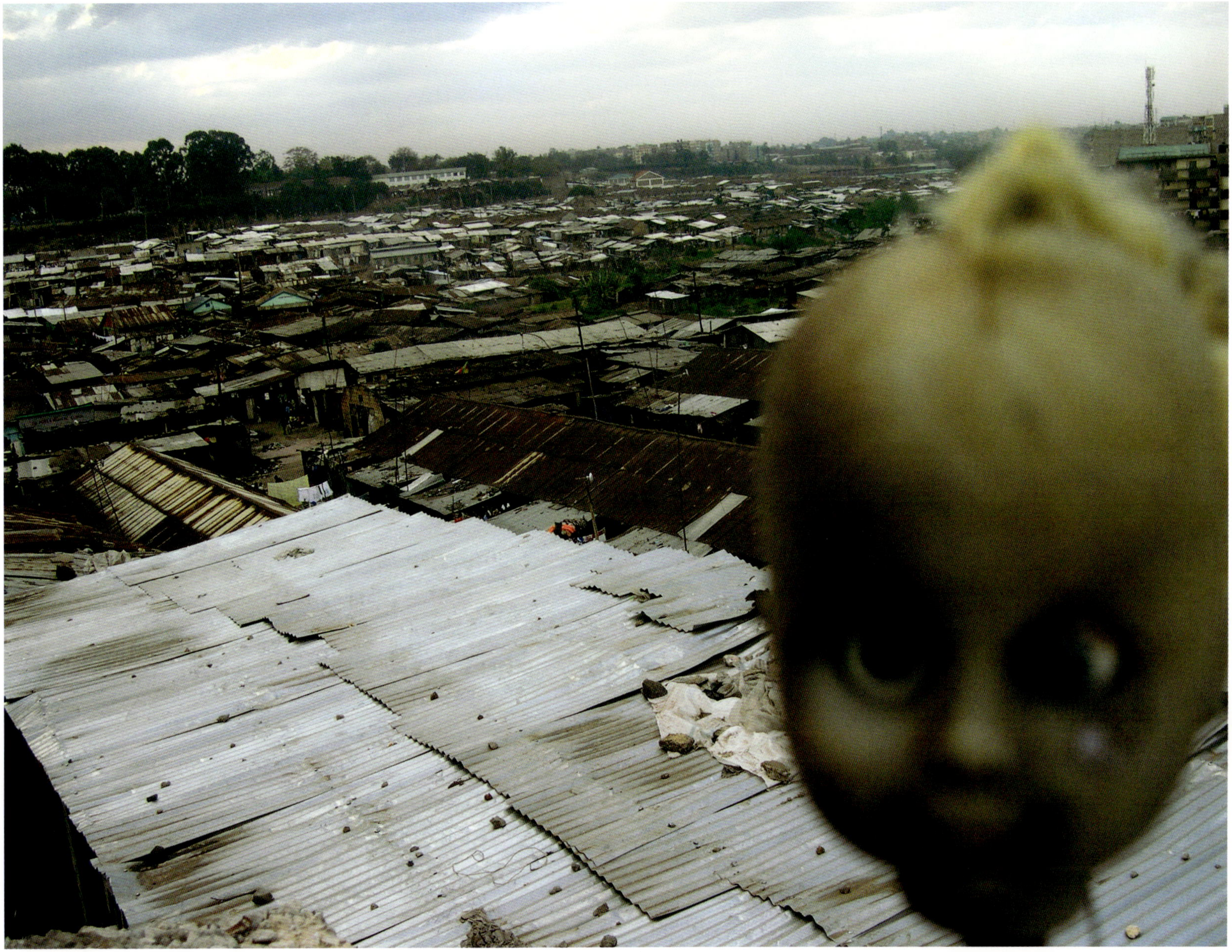

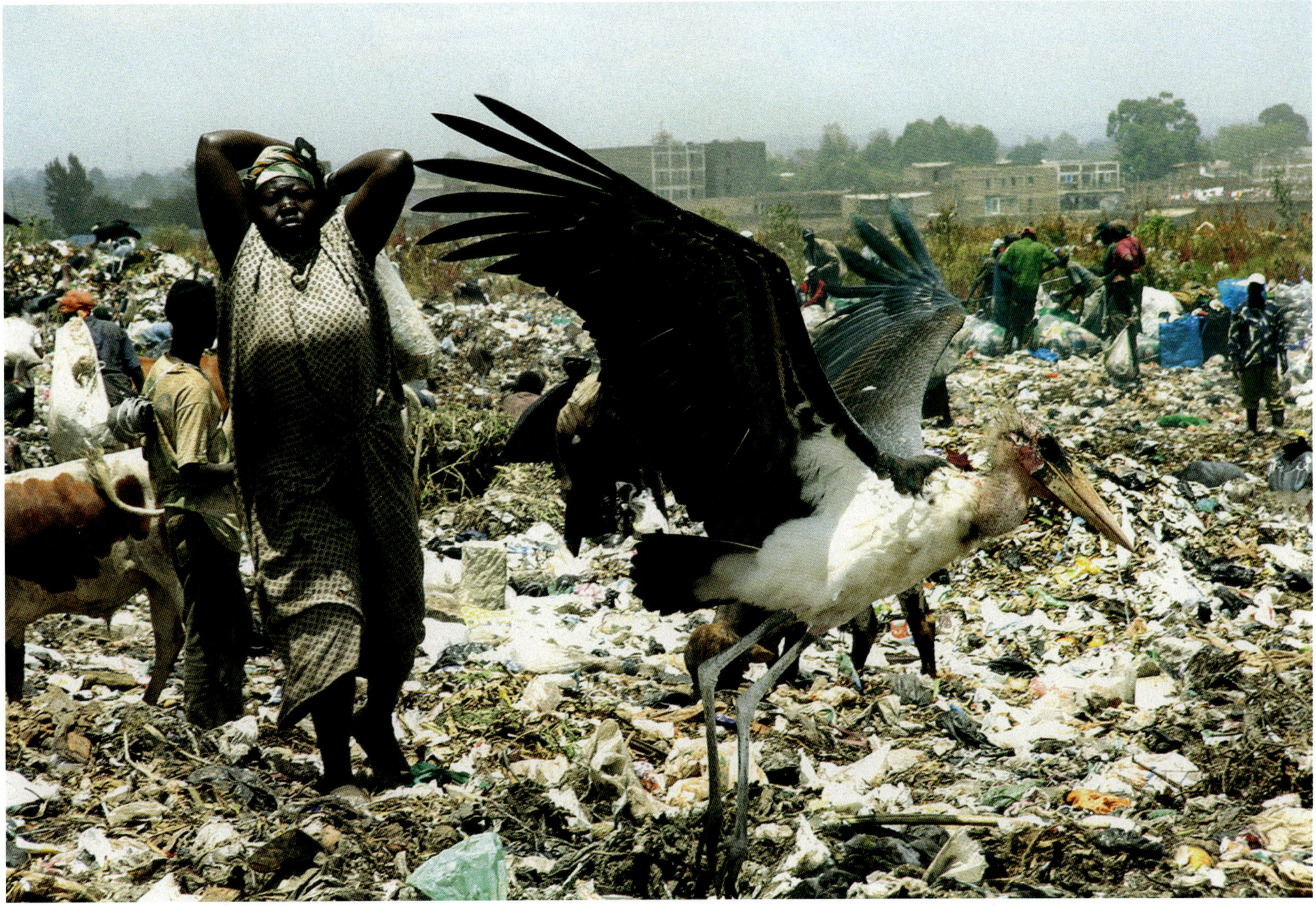

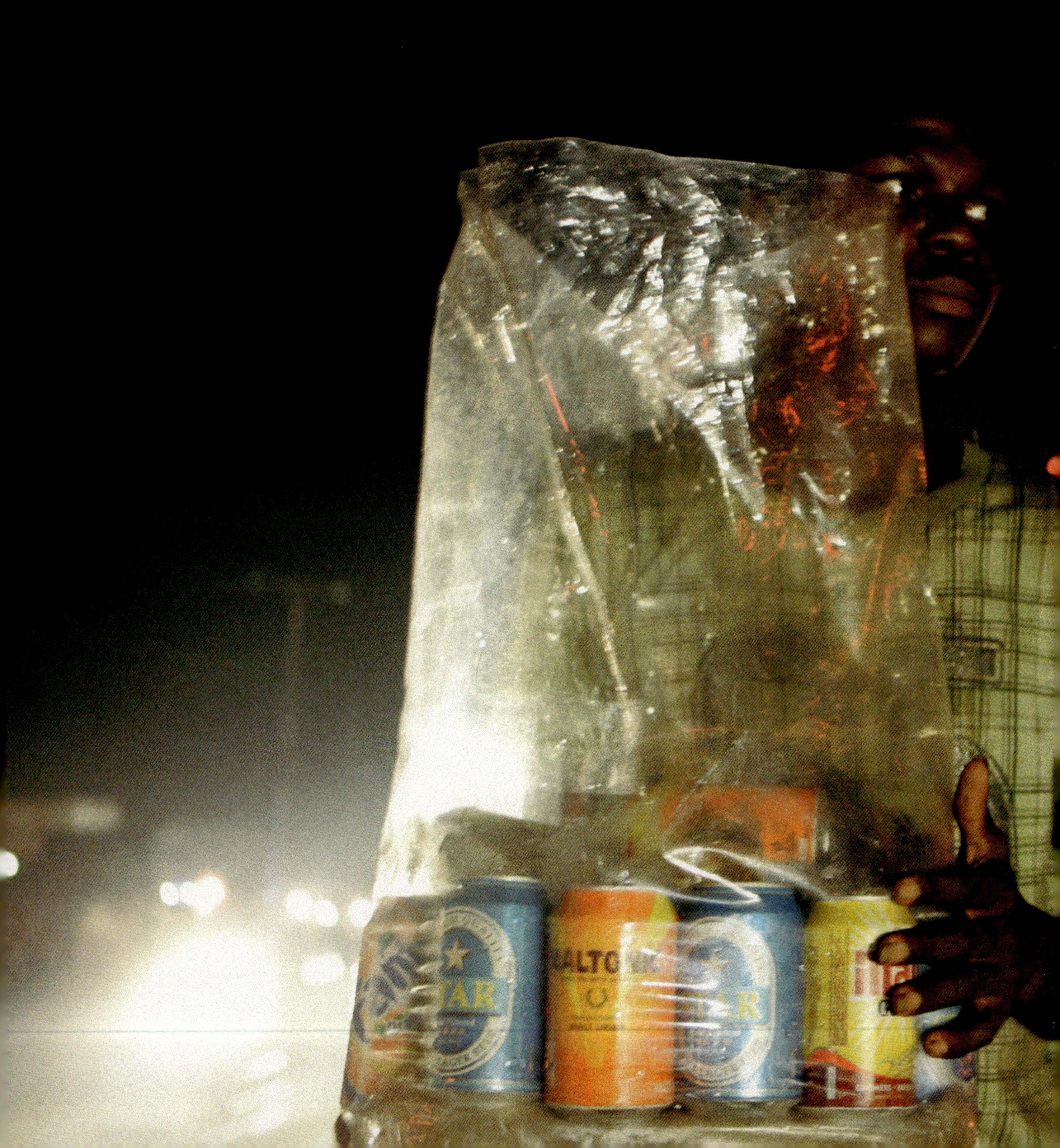

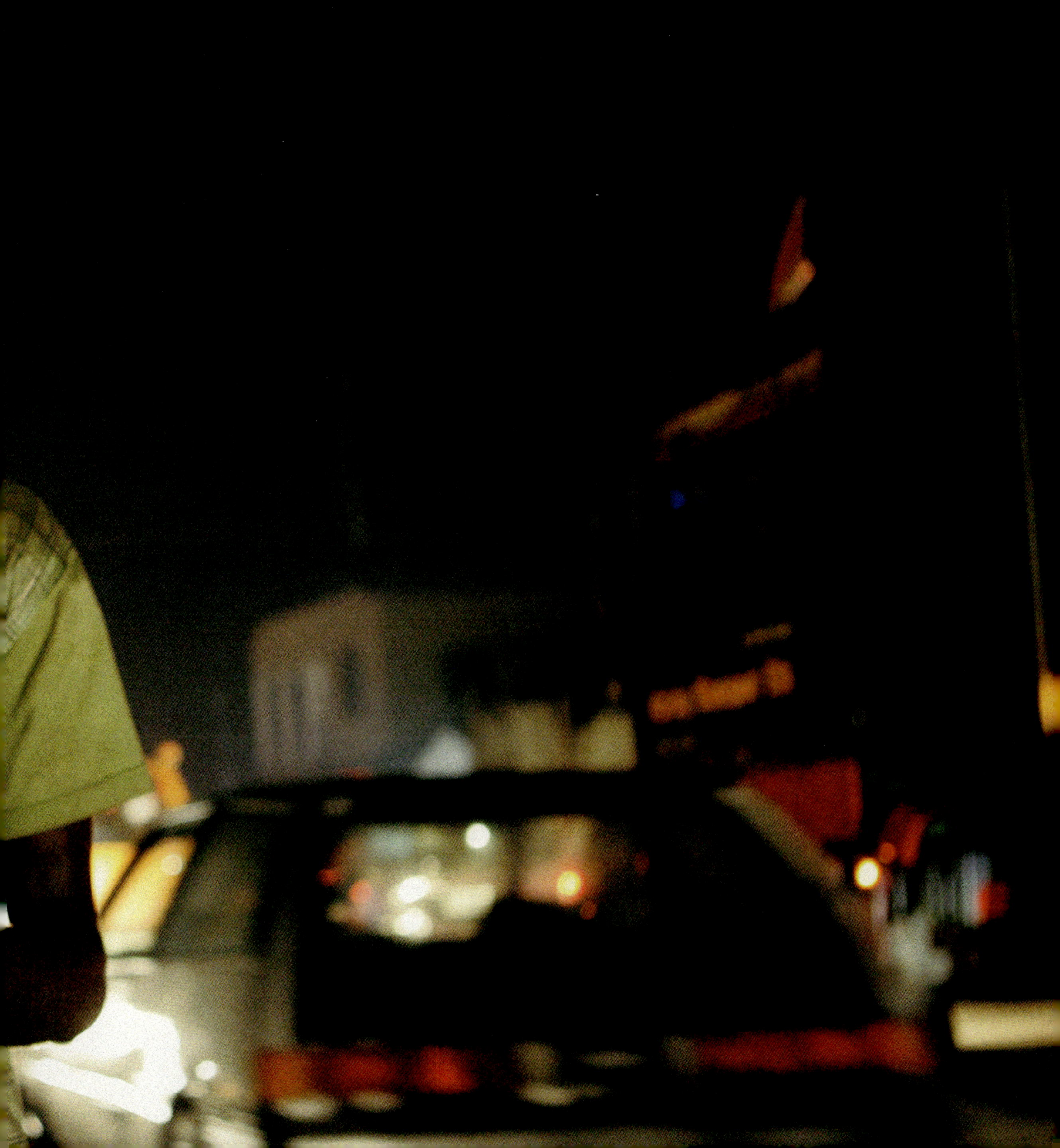

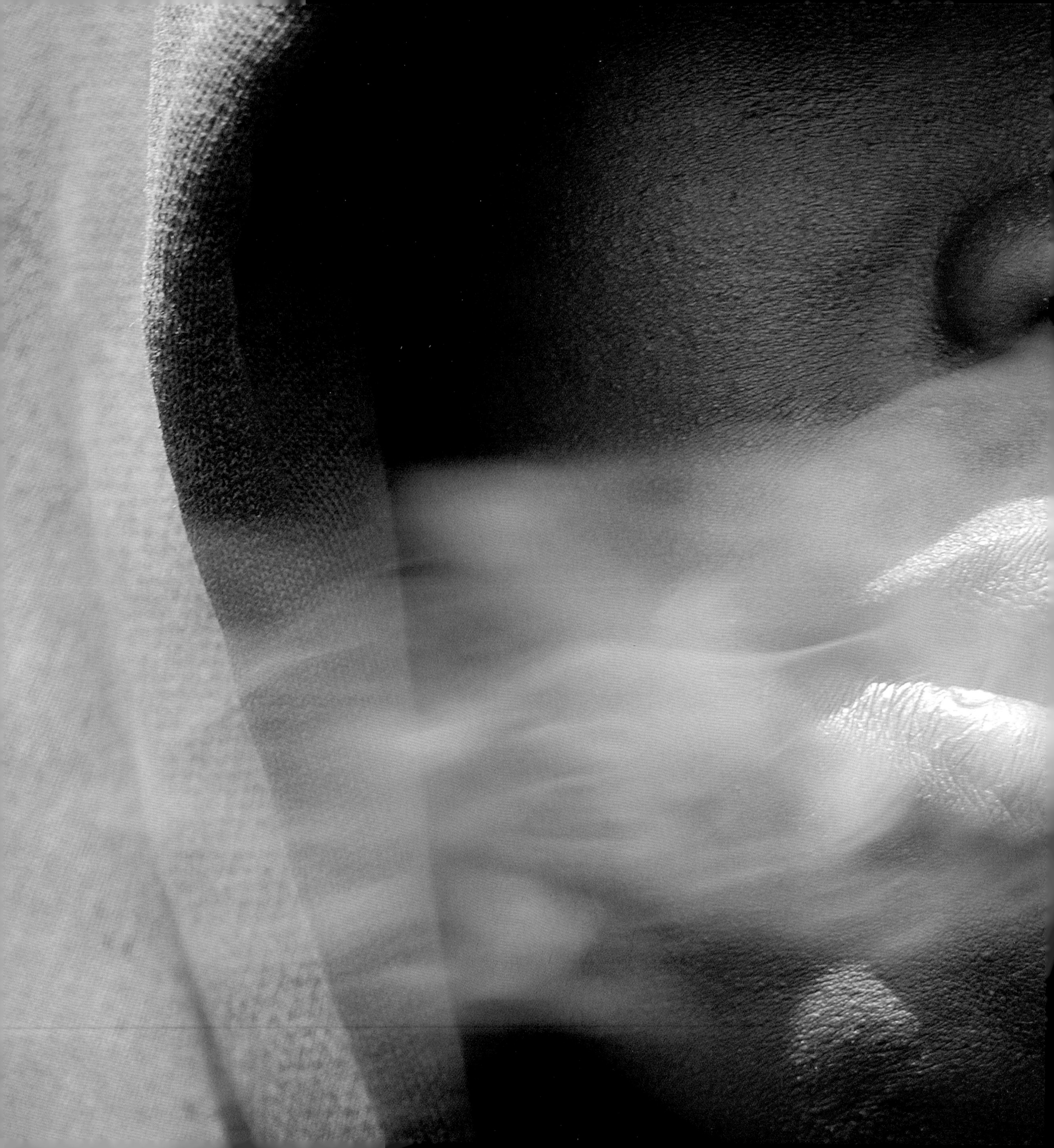

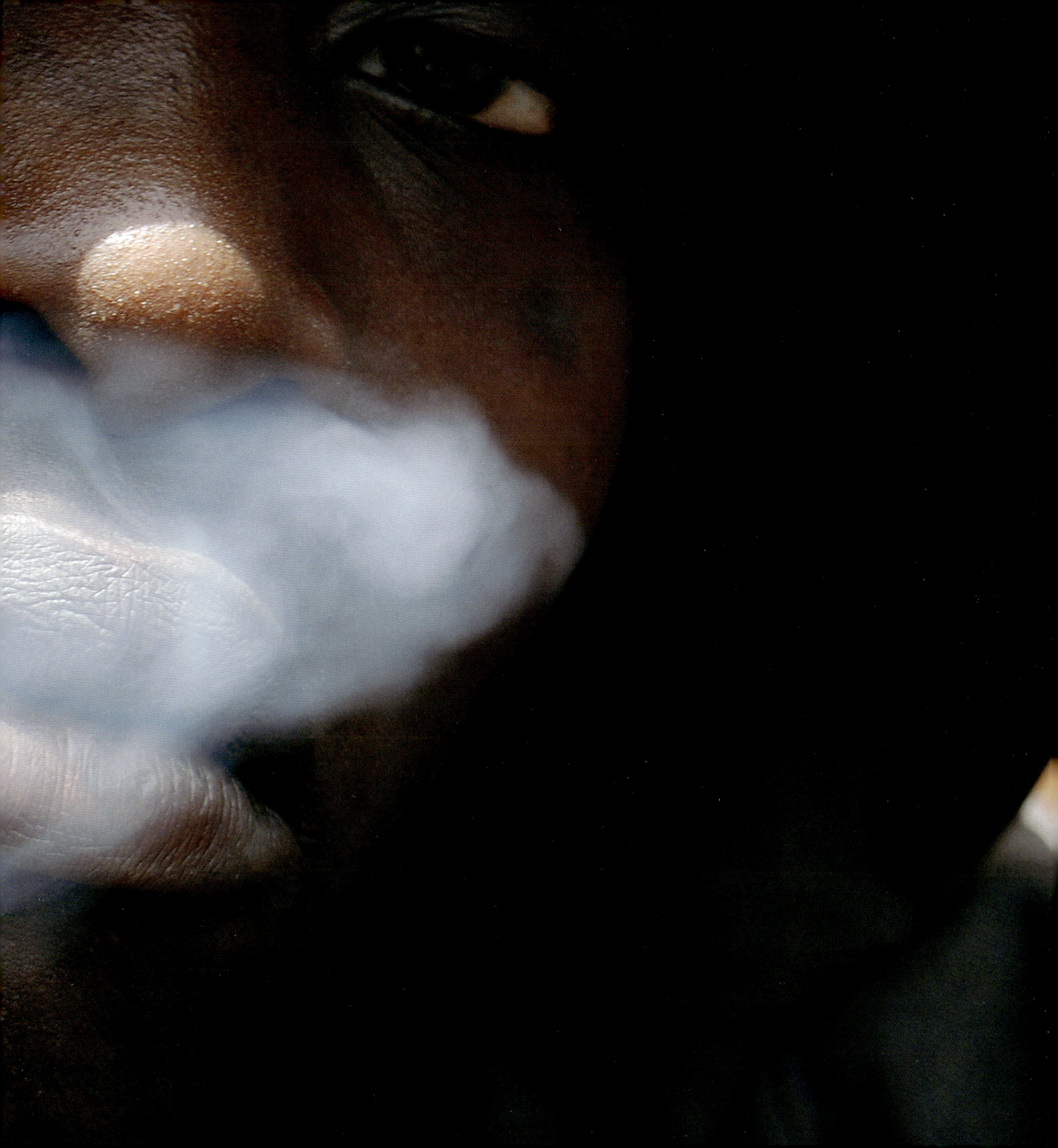

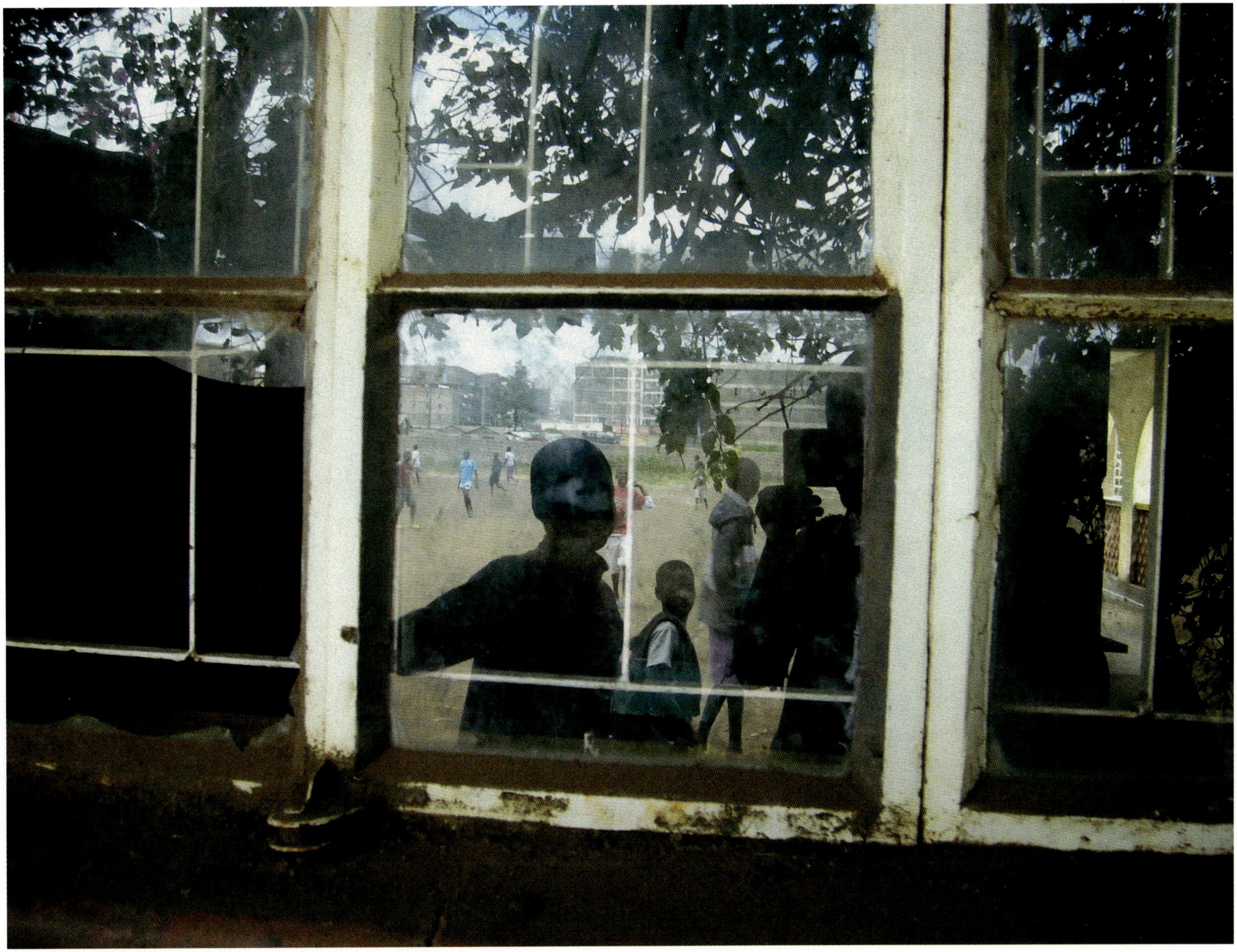

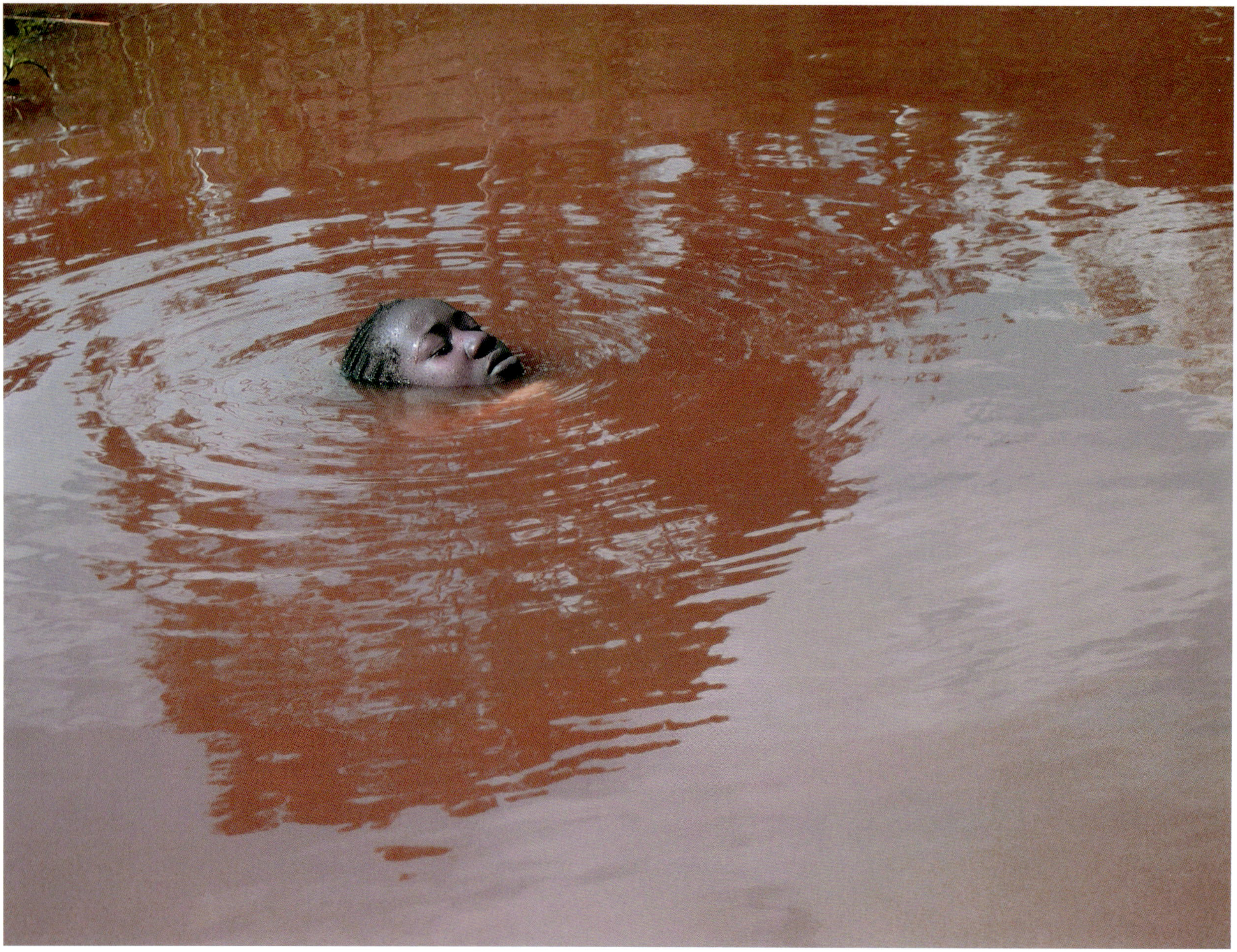

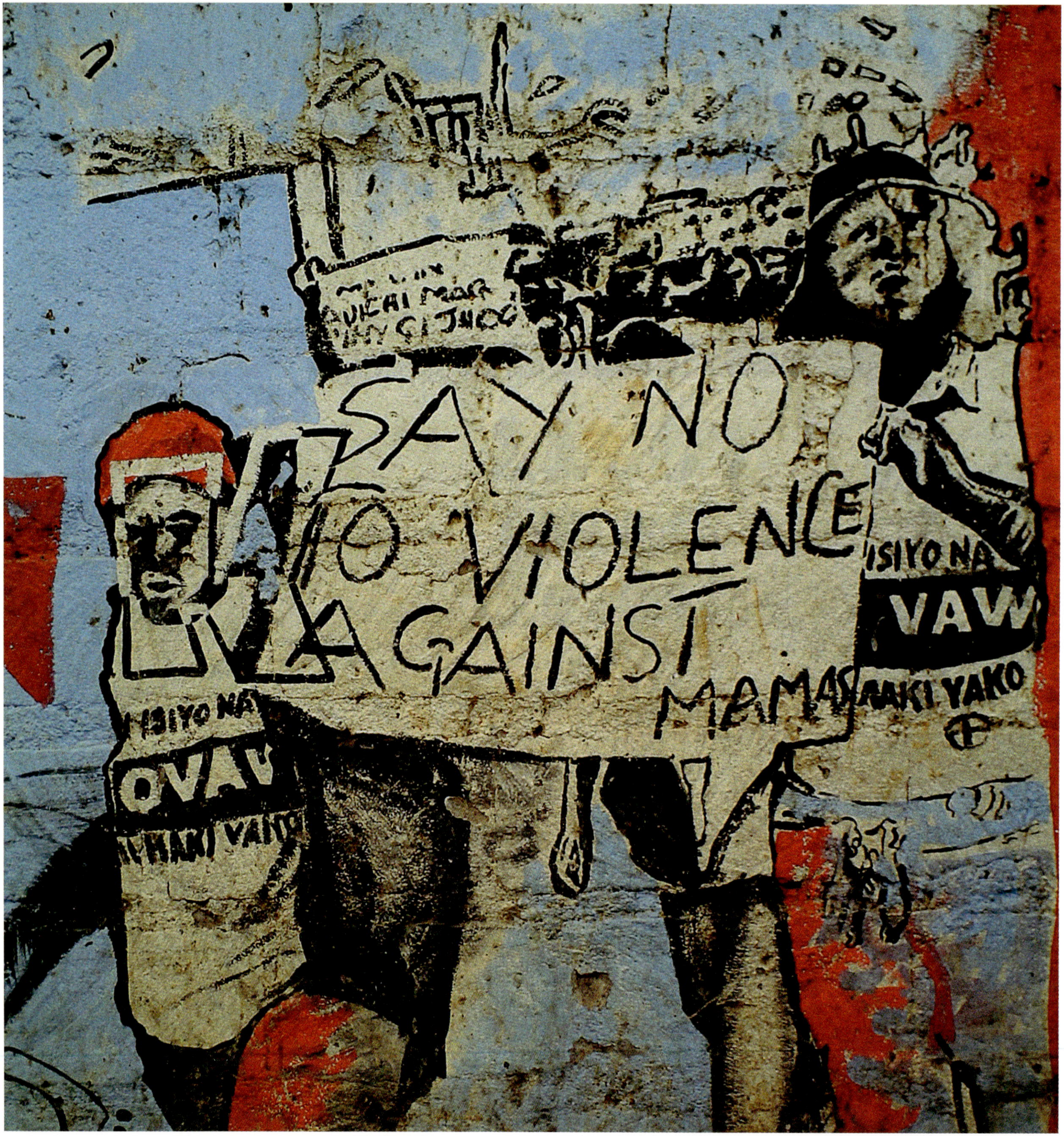
SAY NO
VIOLENCE
AGAINST
MAMA
ISIYO NA
VAW
HAKI YAKO

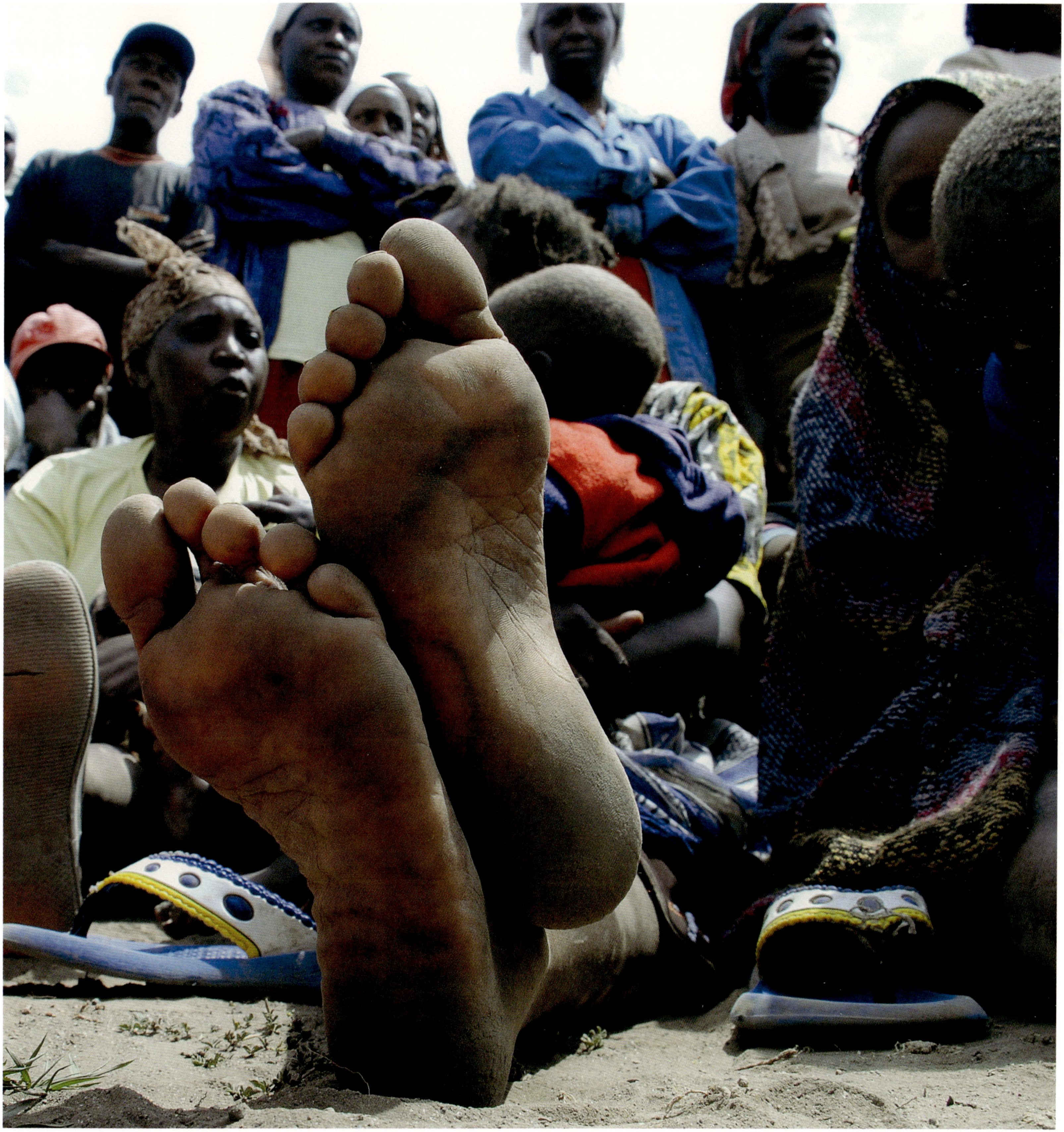

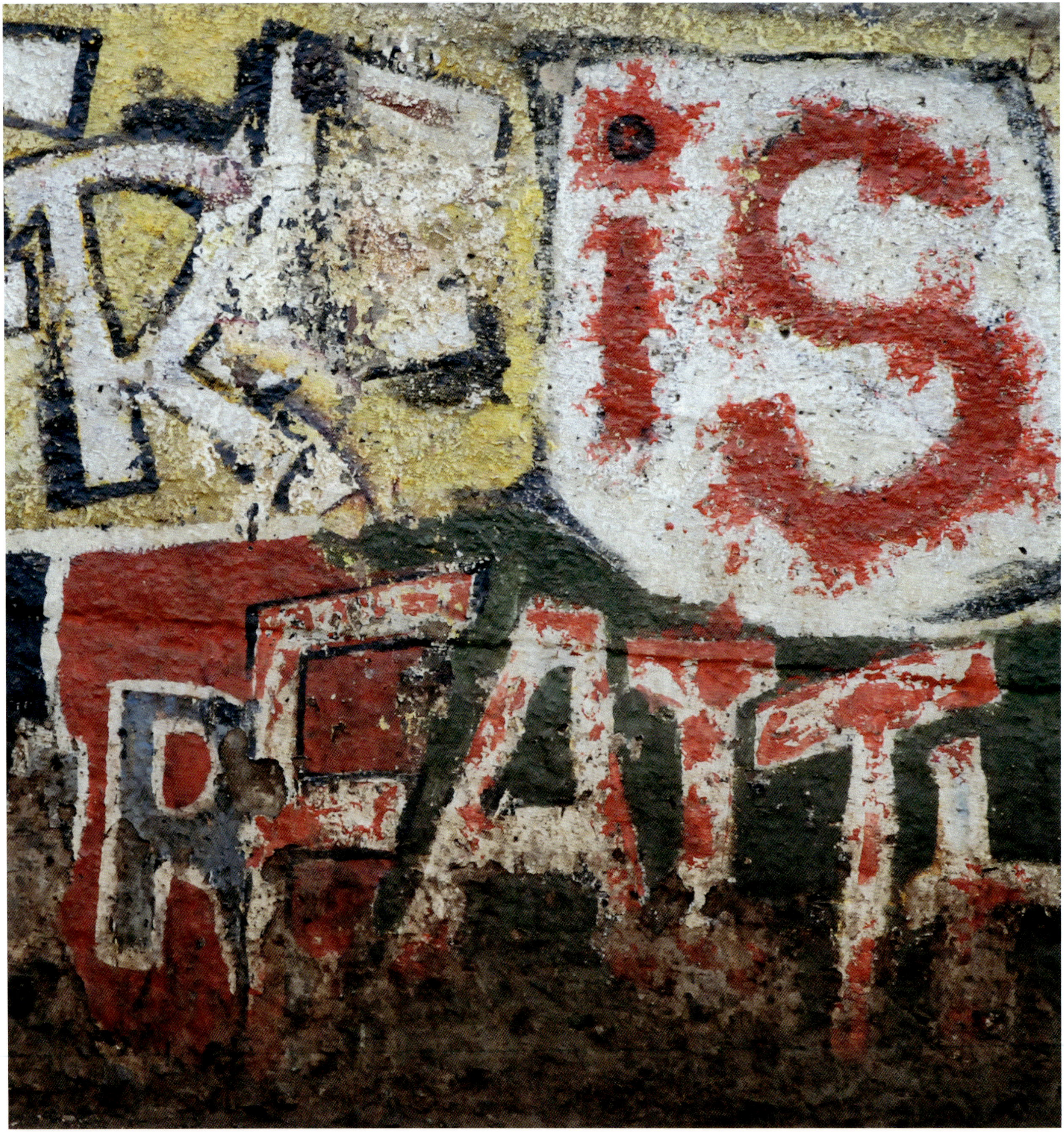
iS

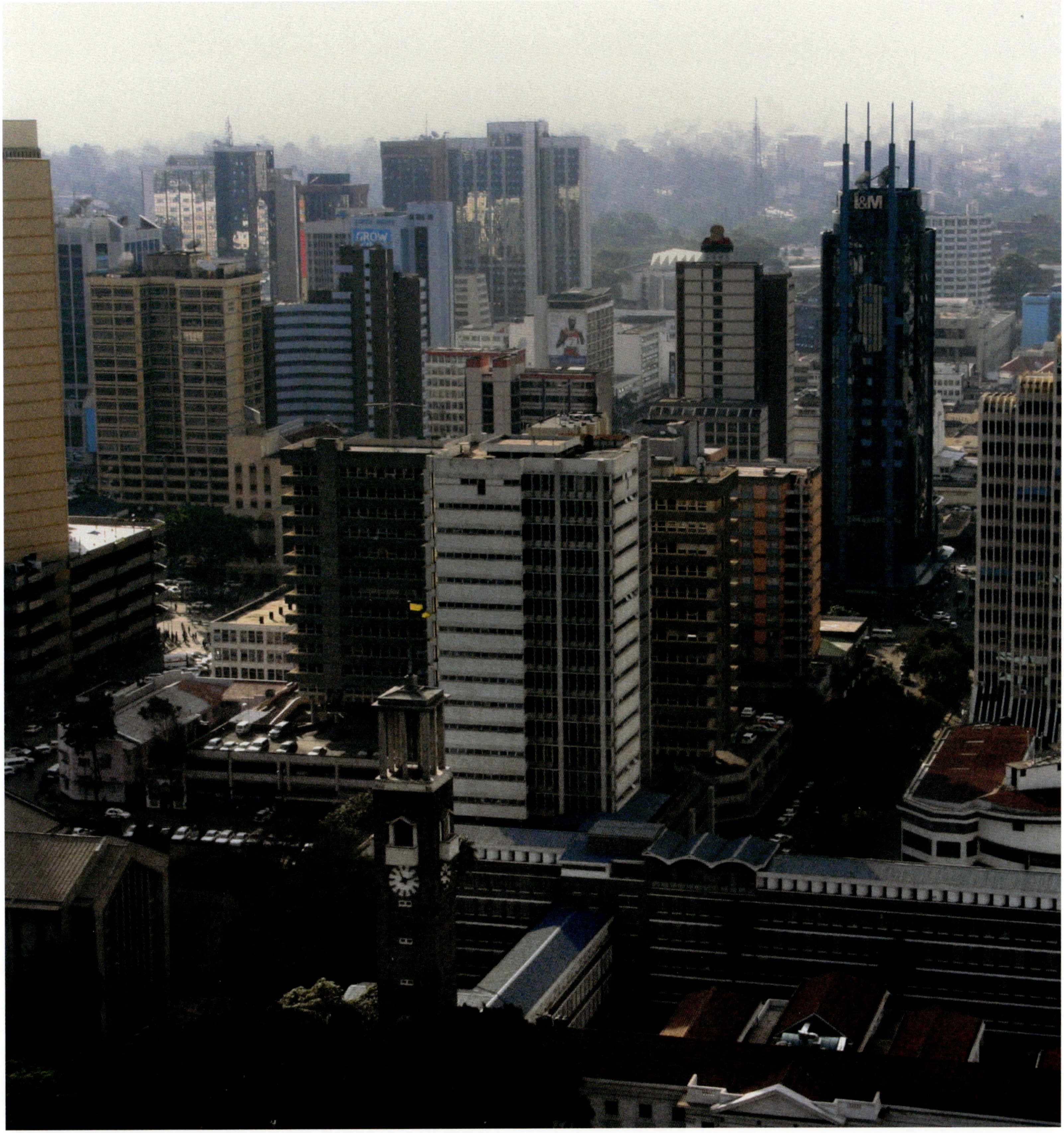
GROW

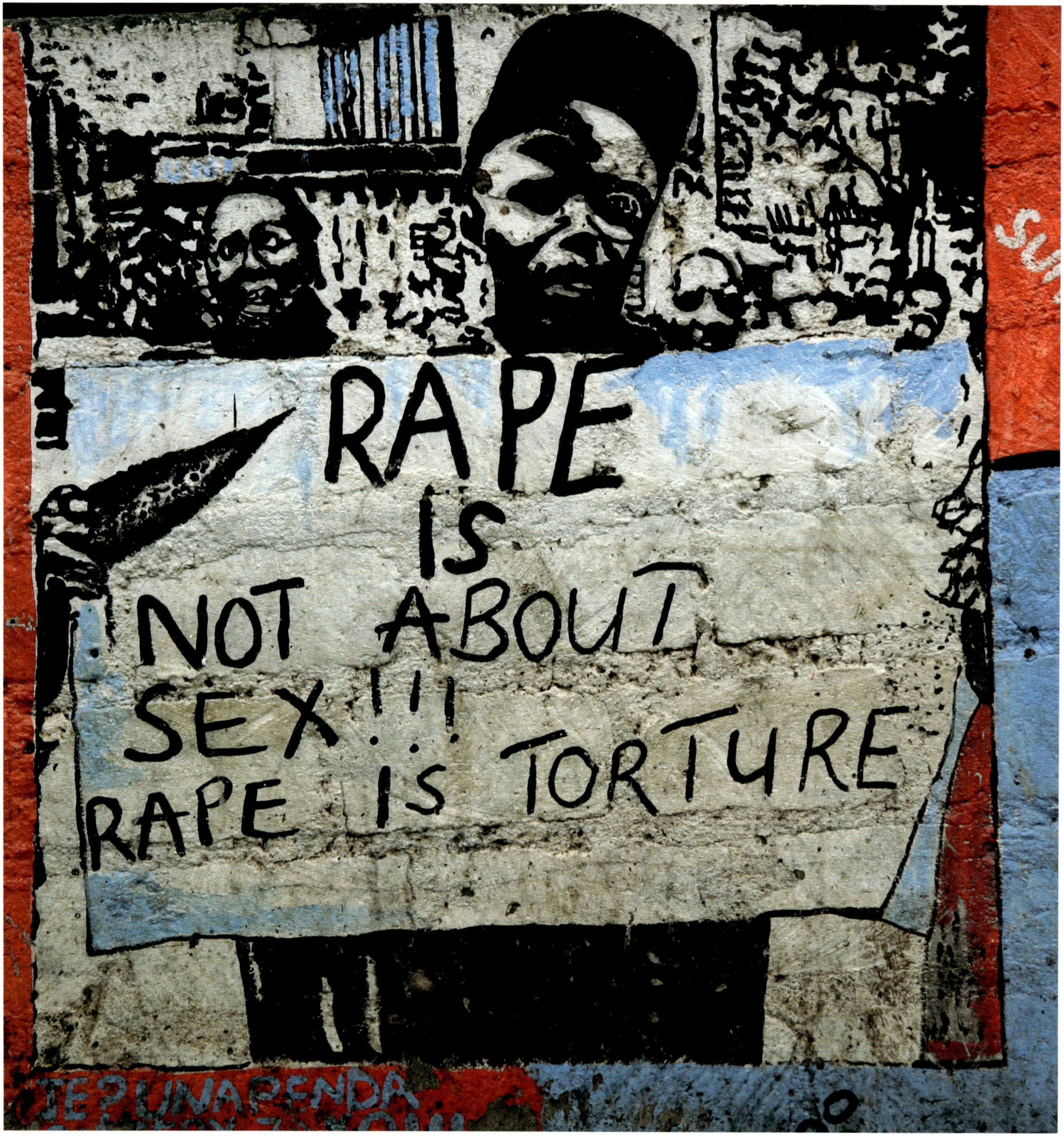
RAPE
IS
NOT ABOUT
SEX!!!
RAPE IS TORTURE

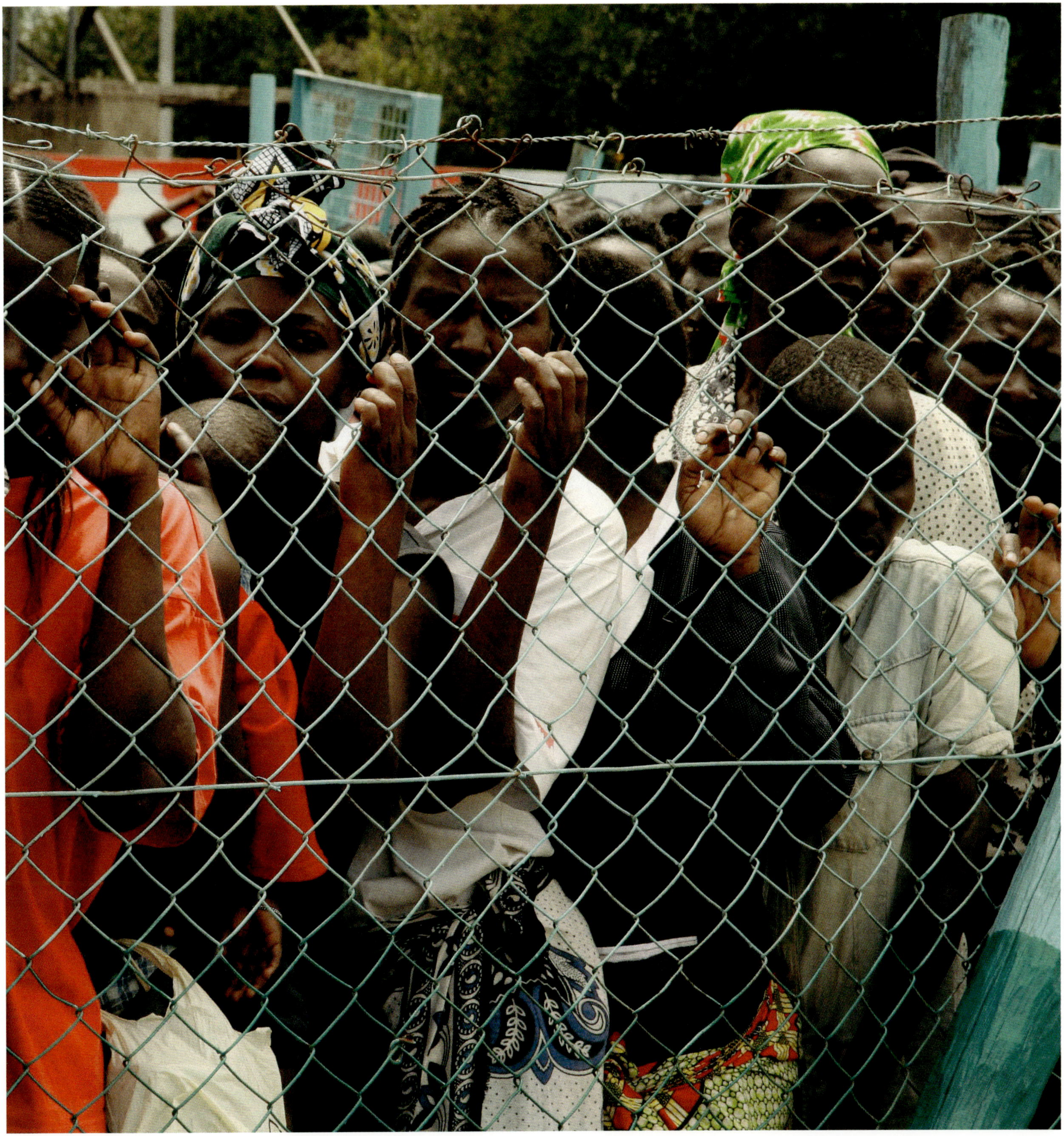

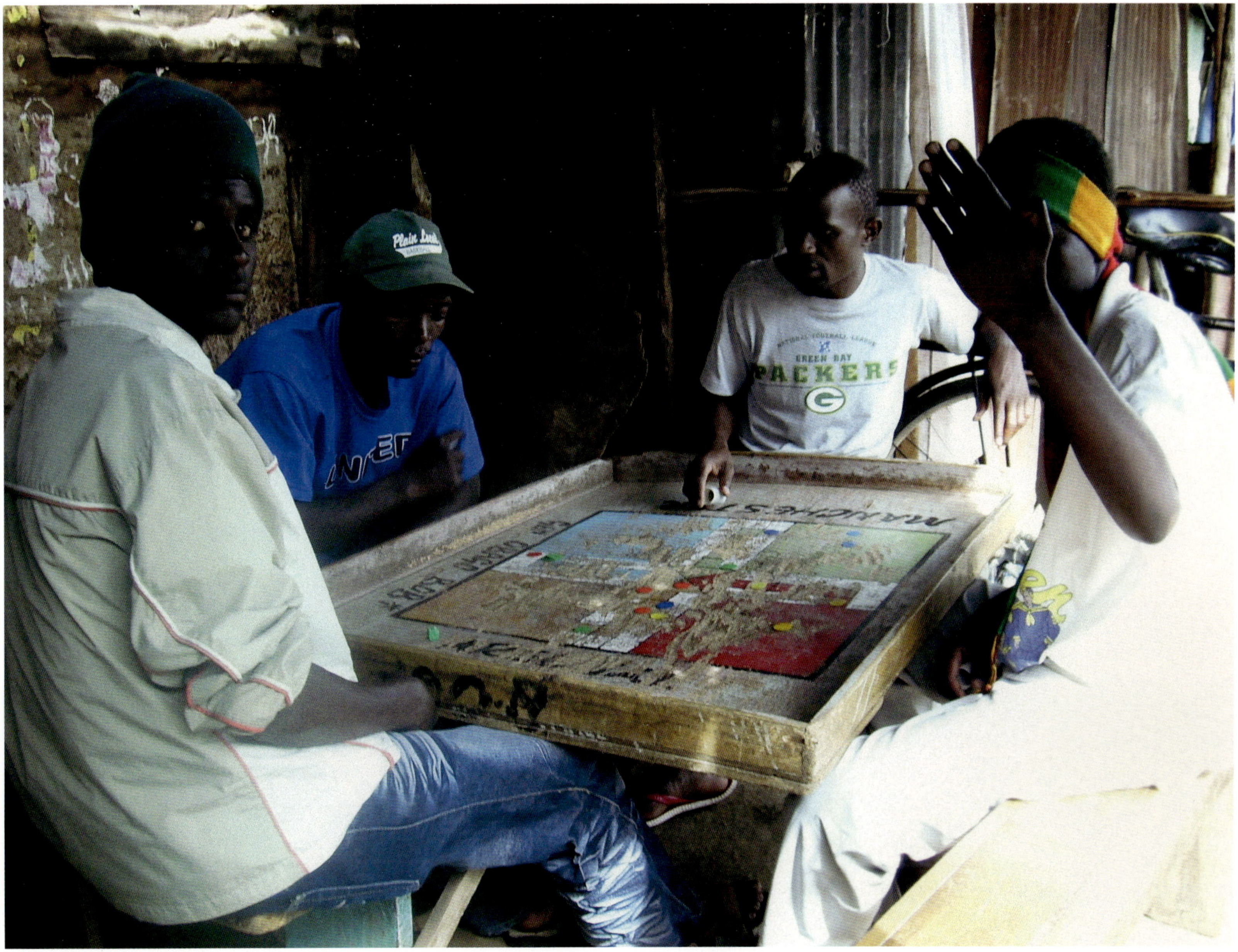
GREEN BAY
PACKERS

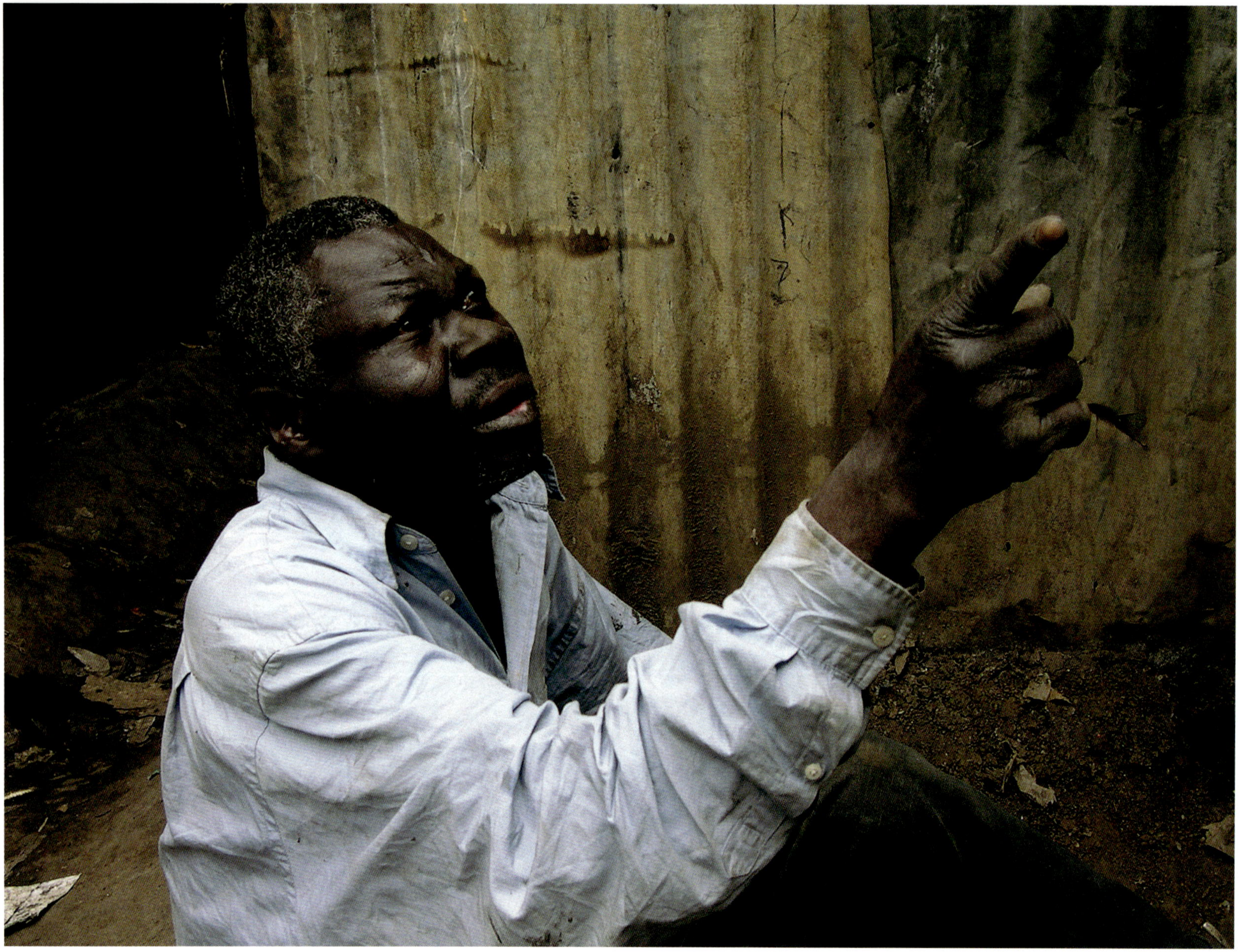

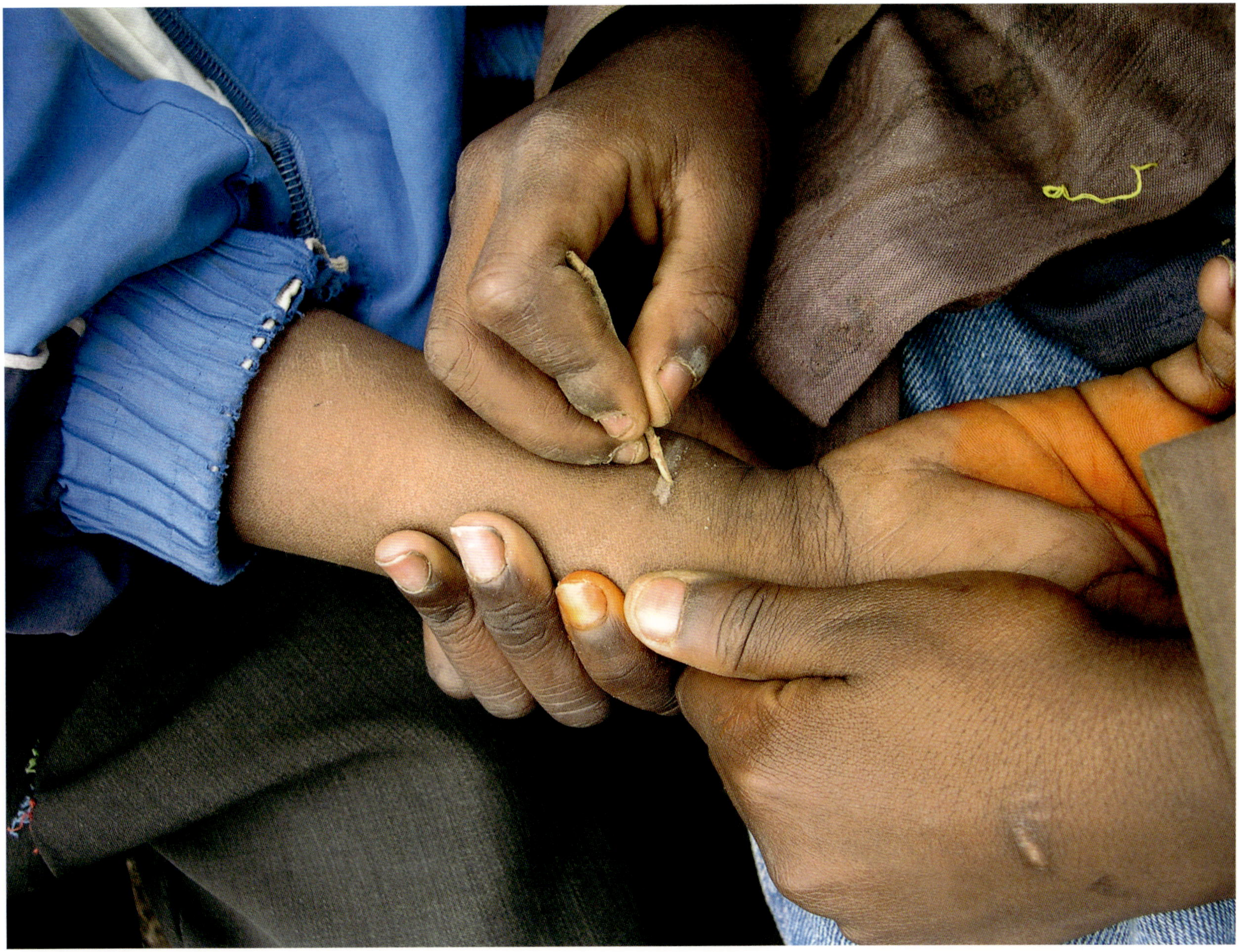

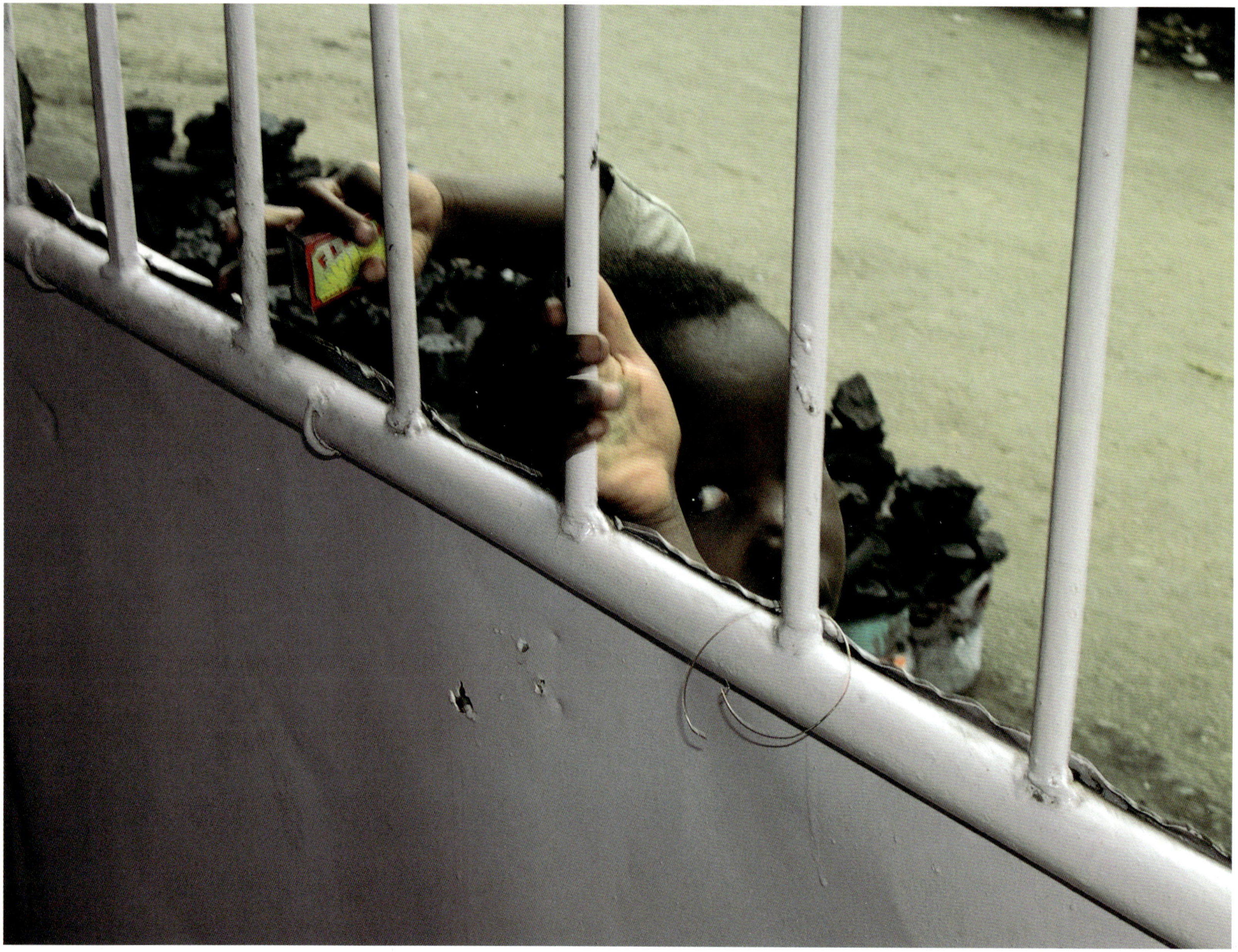

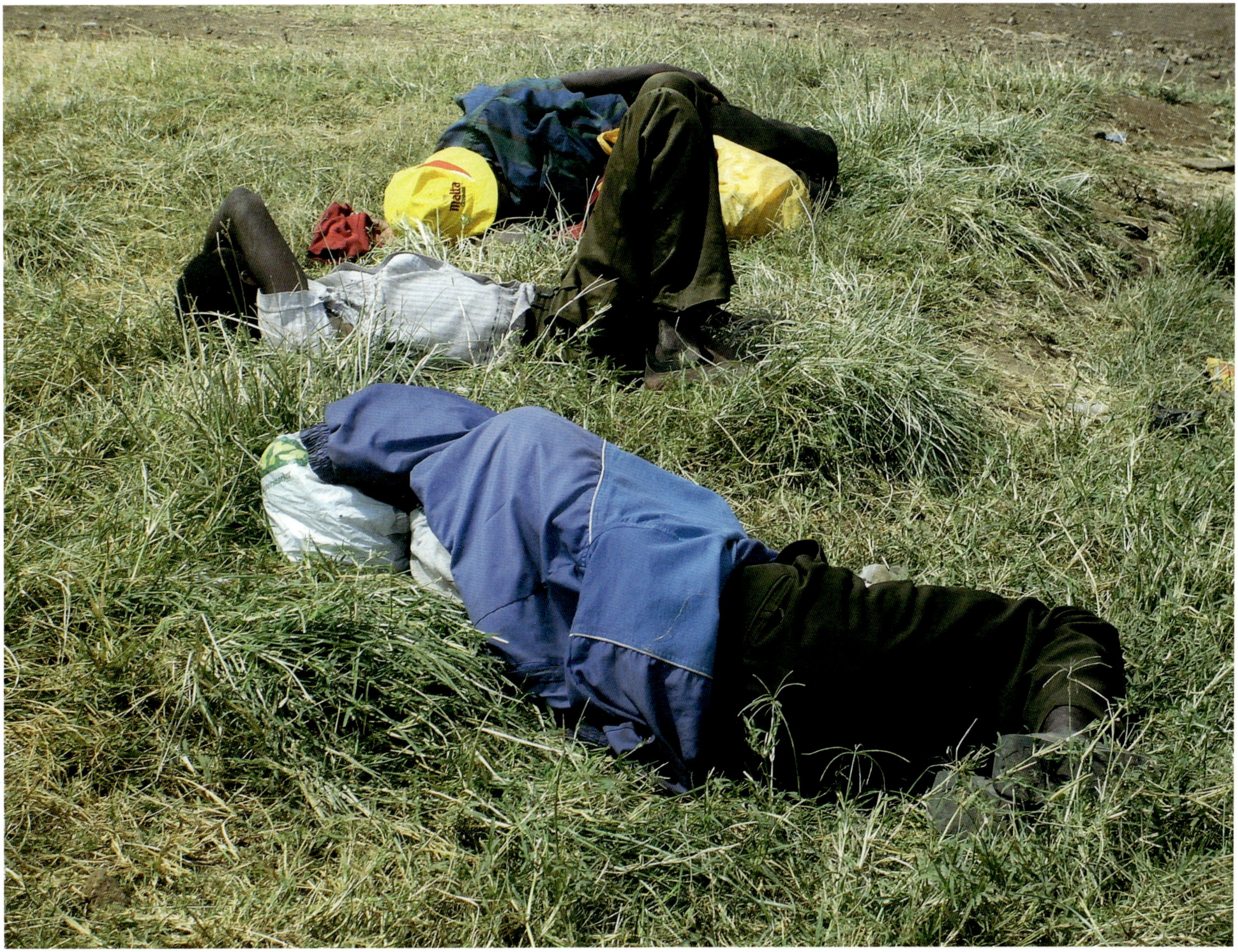

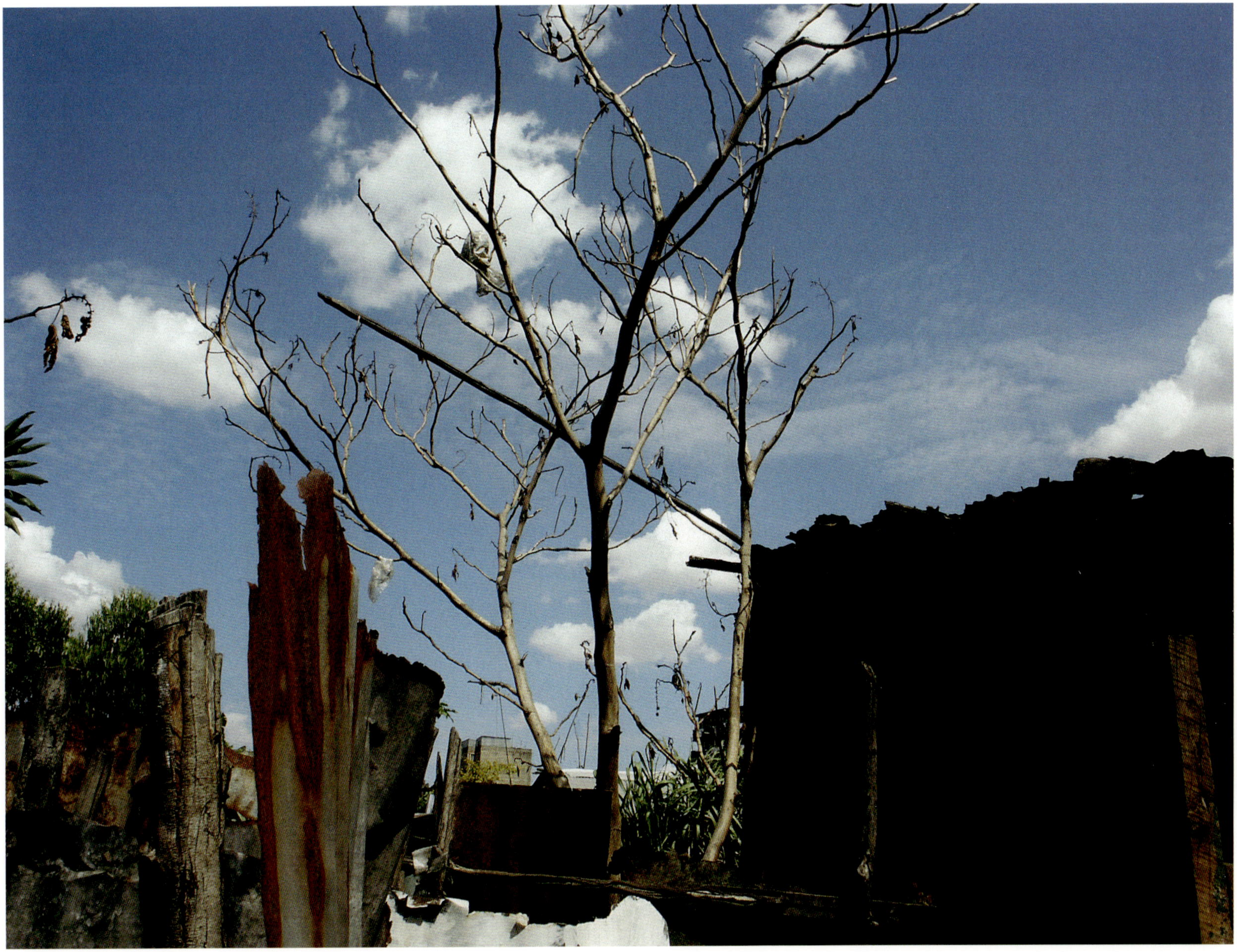

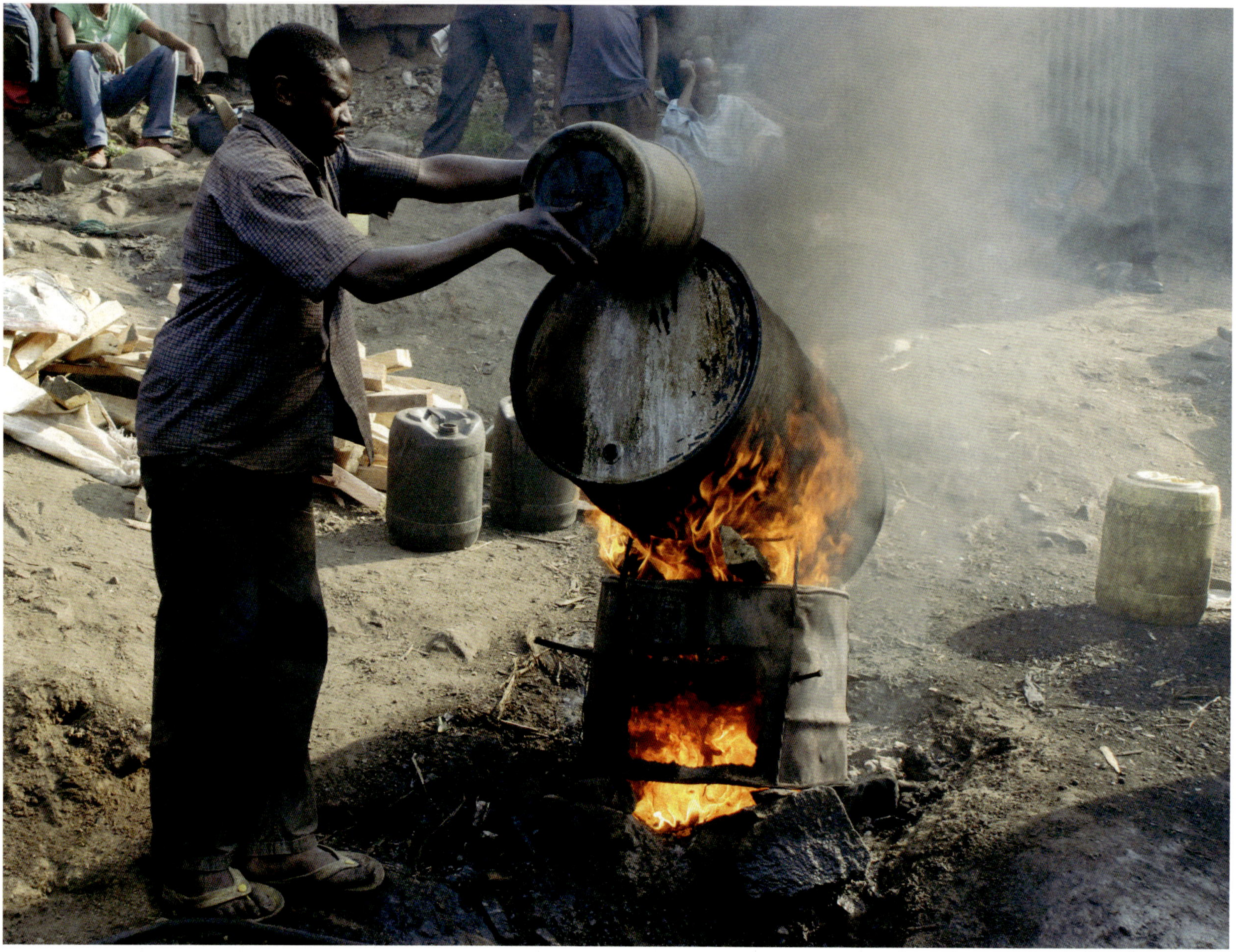

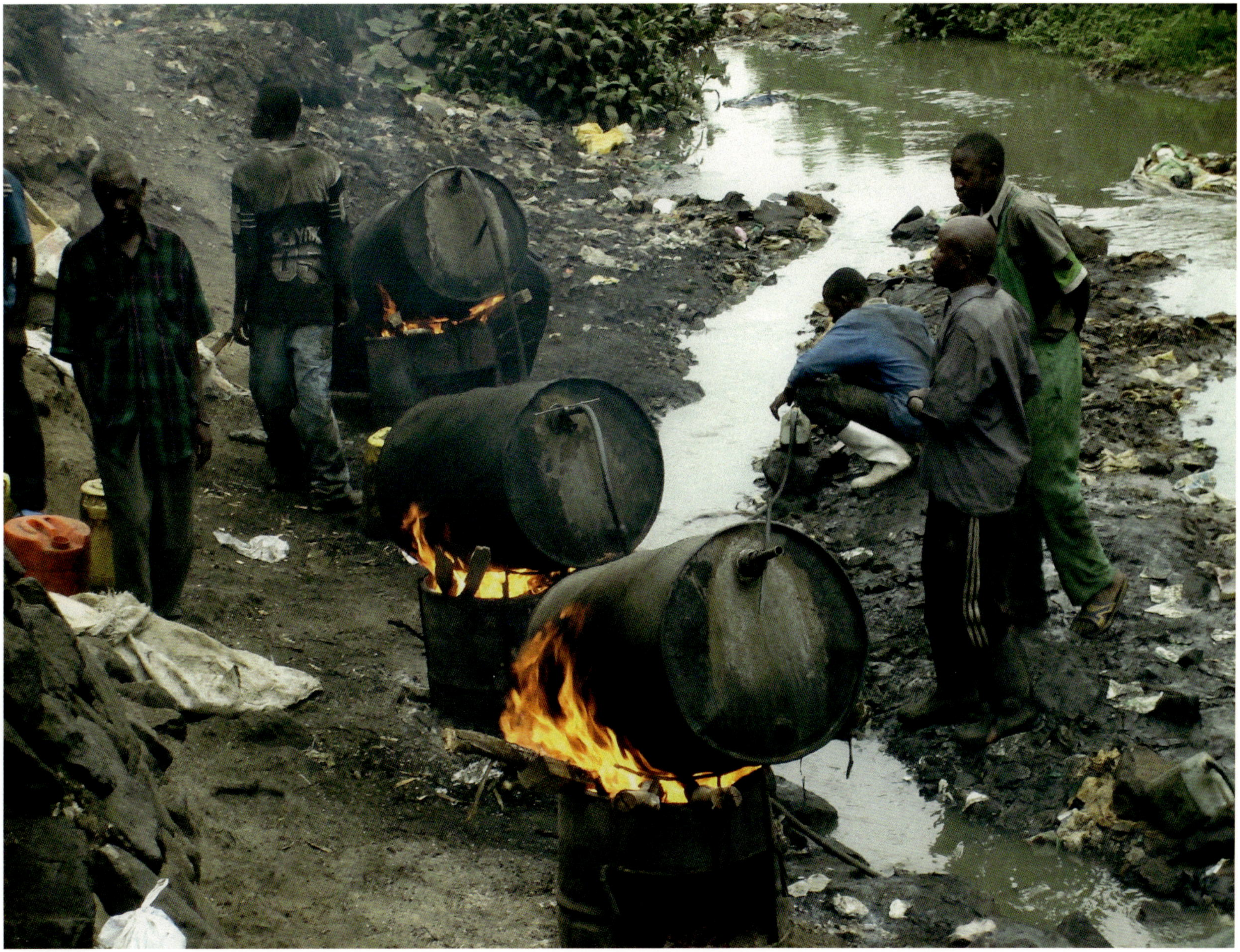

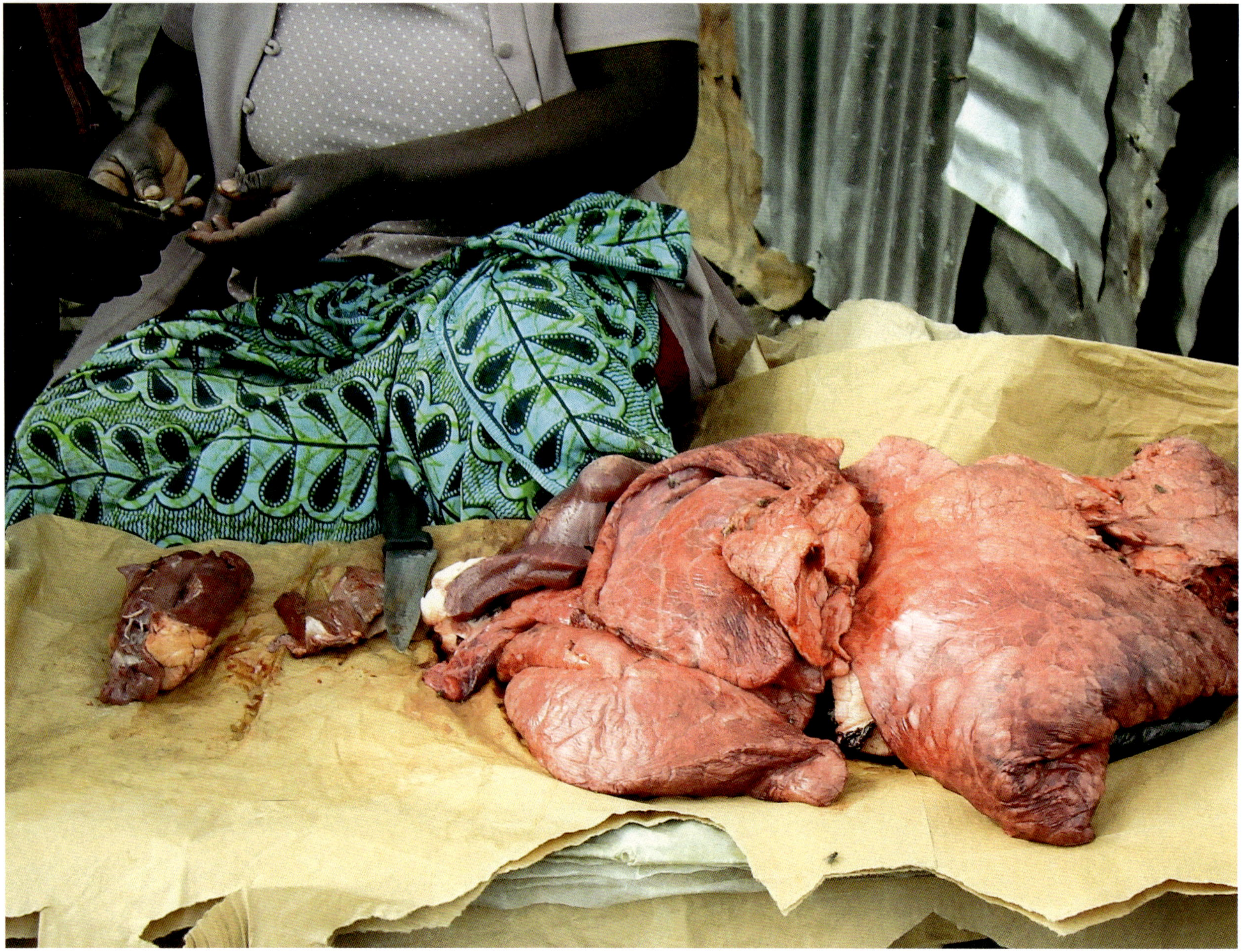

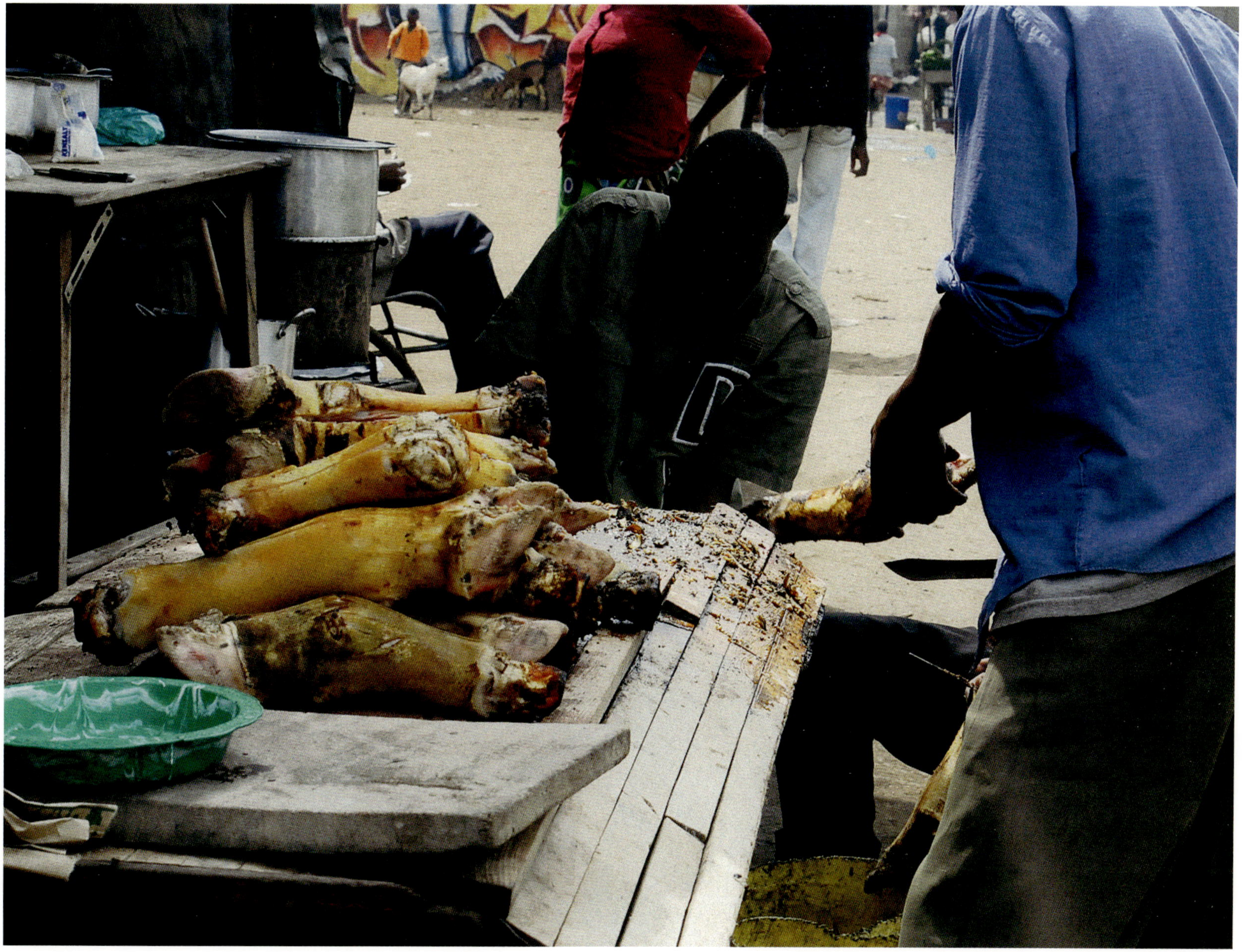

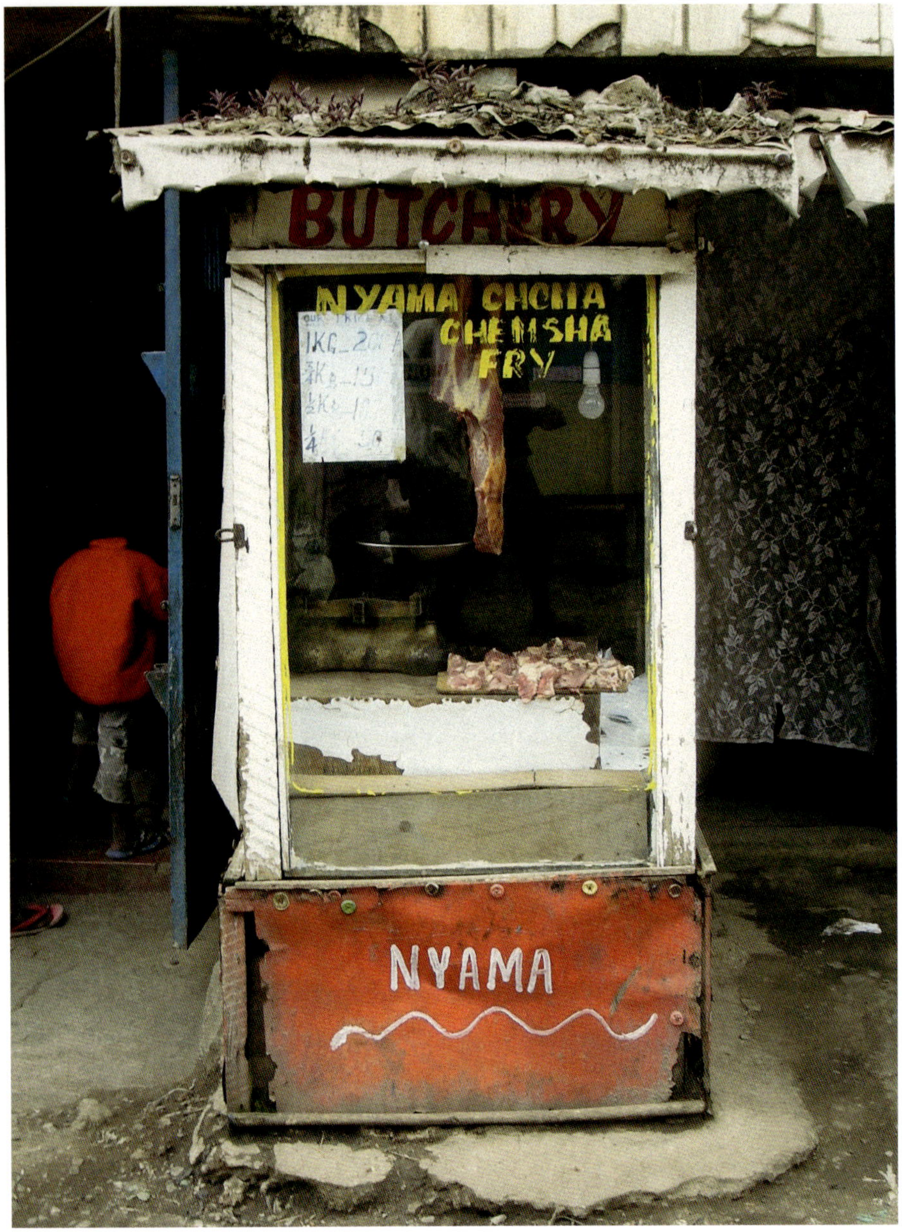
BUTCHERY
NYAMA CHOMA
CHEMSHA
FRY
NYAMA

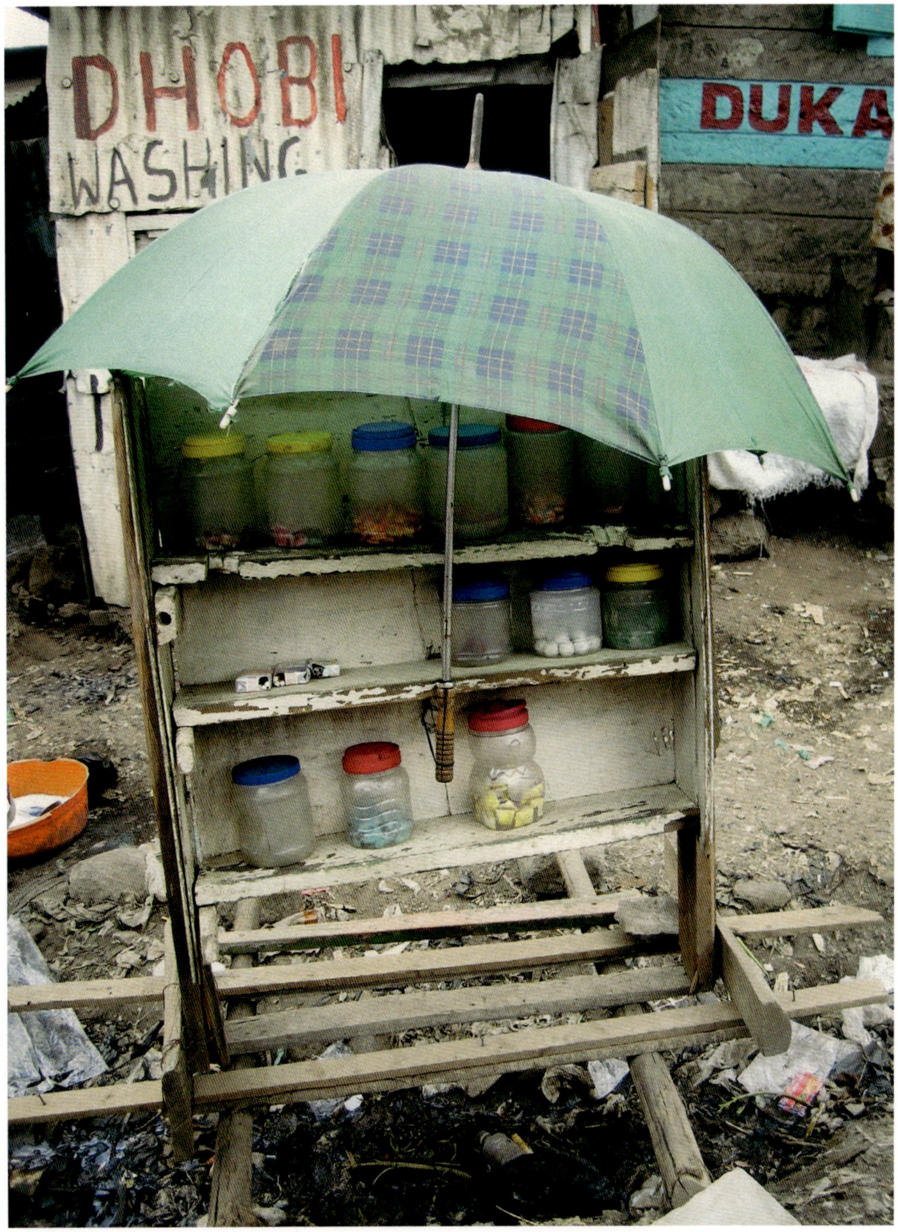
DHOBI
WASHING
DUKA

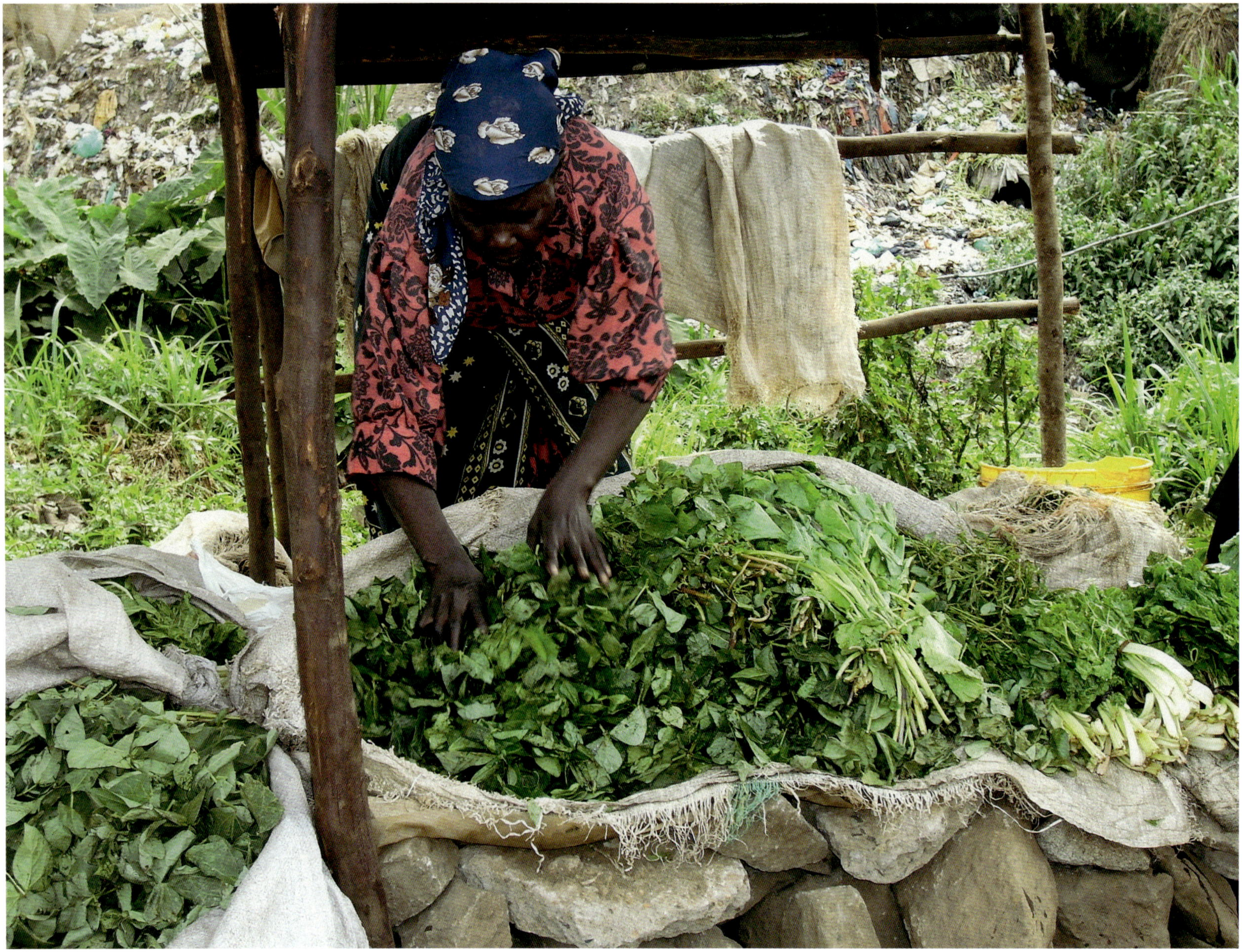

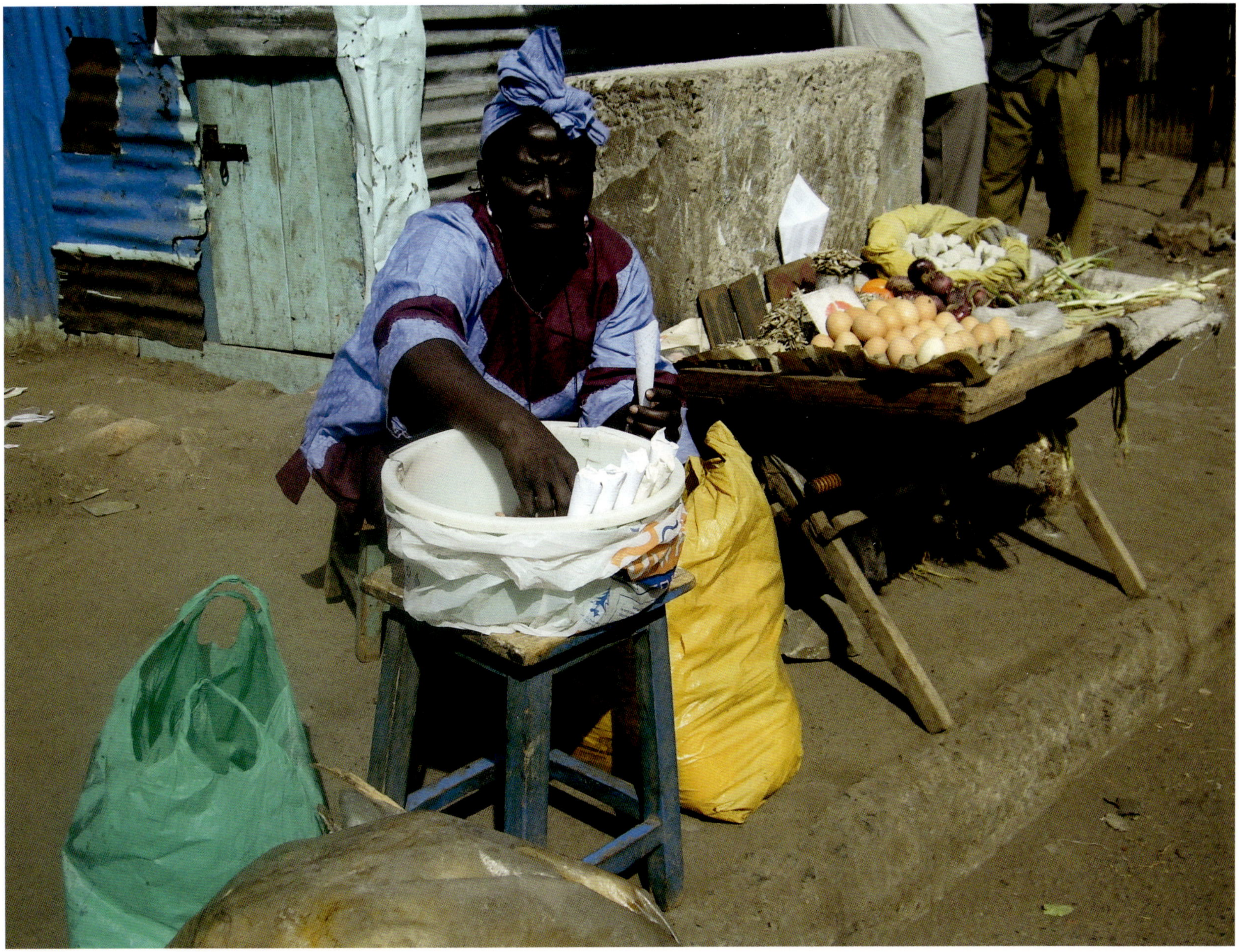

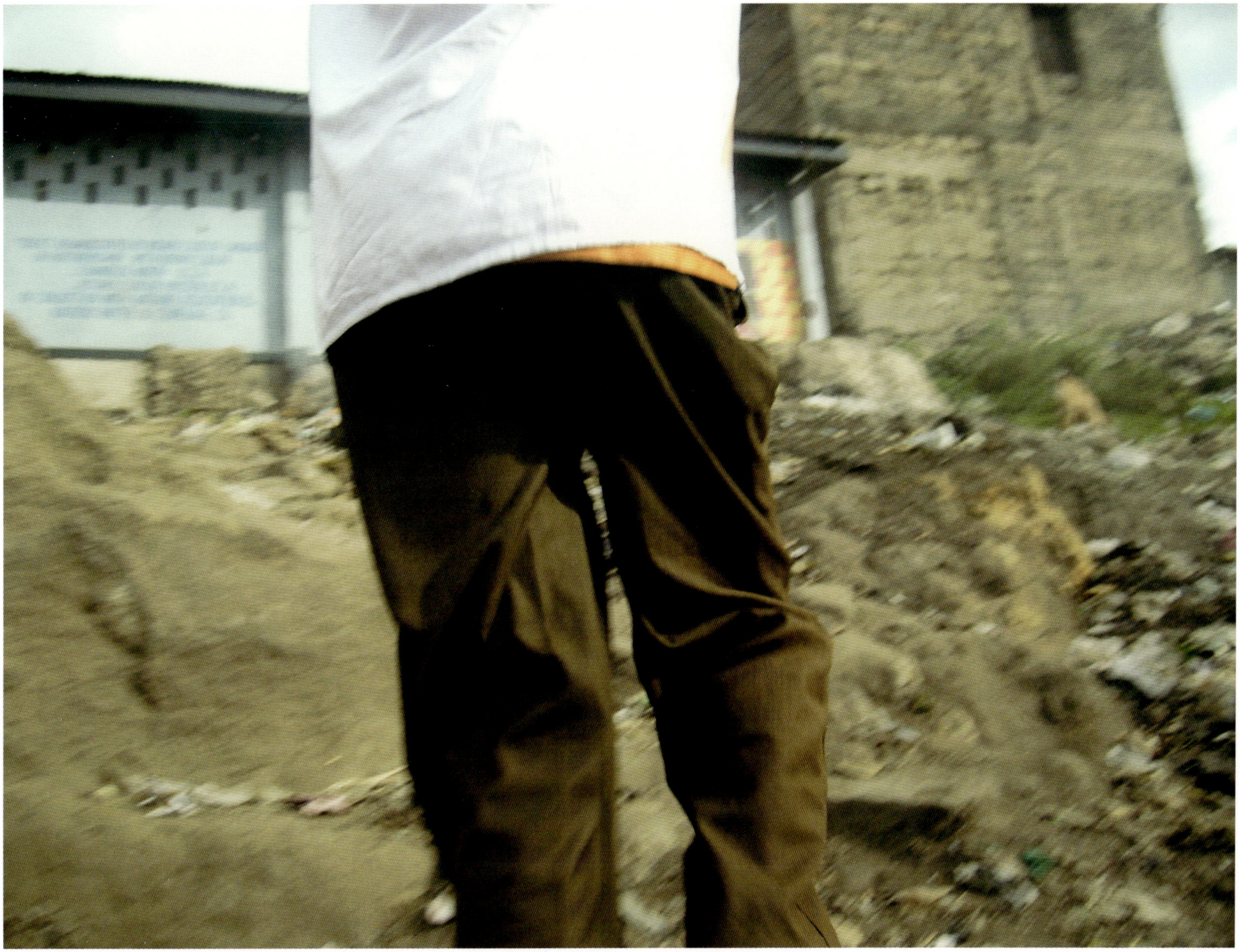

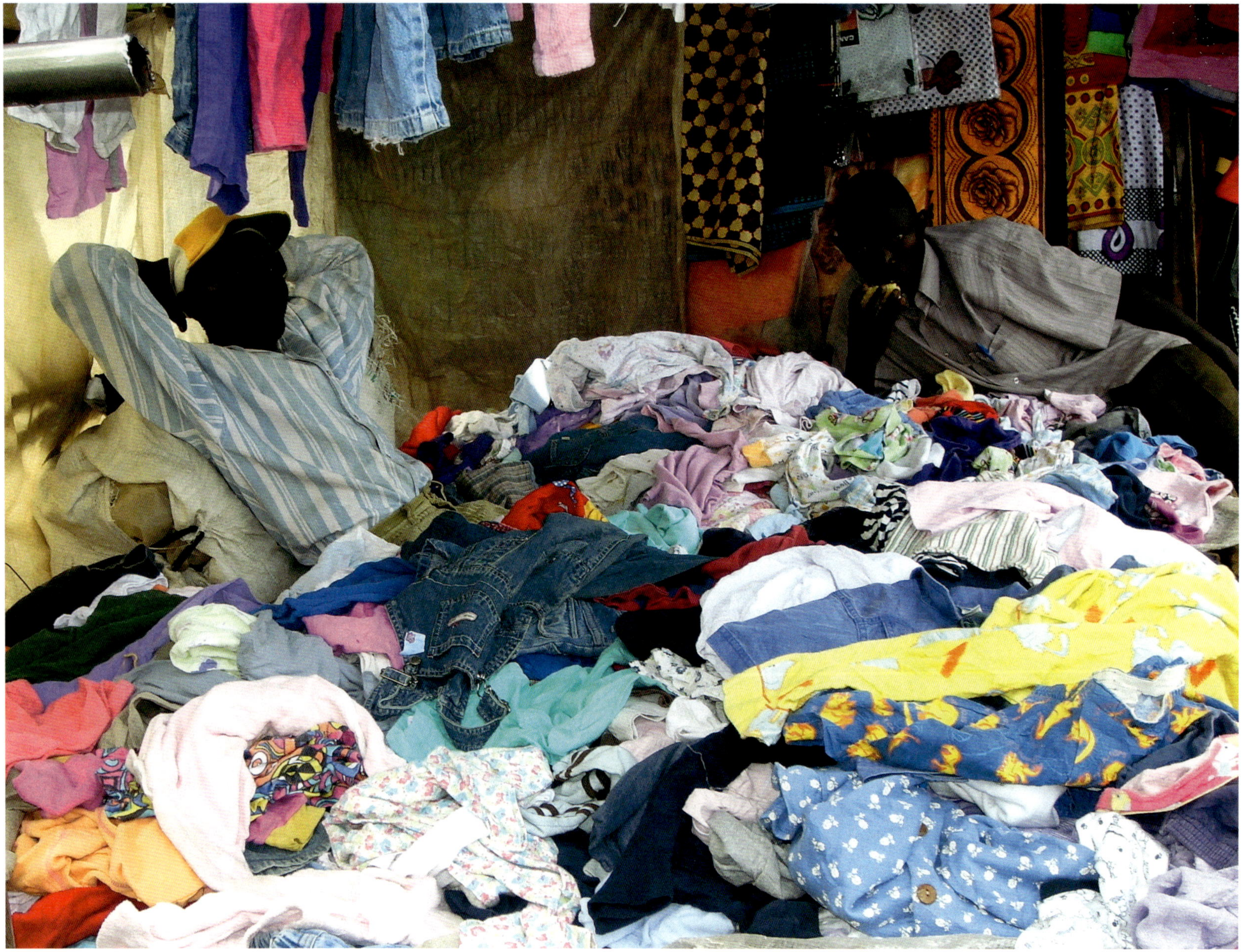

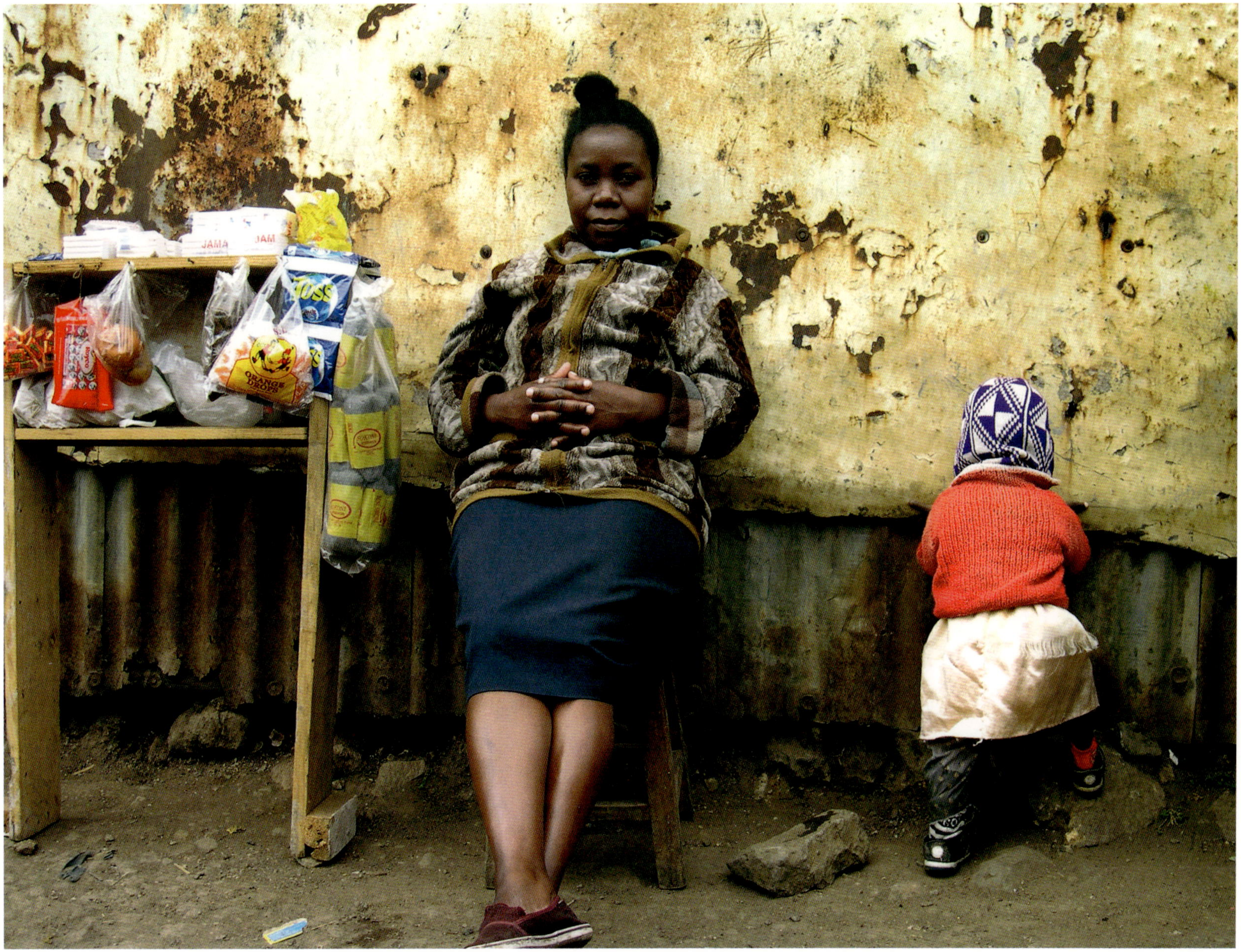
JAMA
JAM
TOSS
ORANGE DROPS

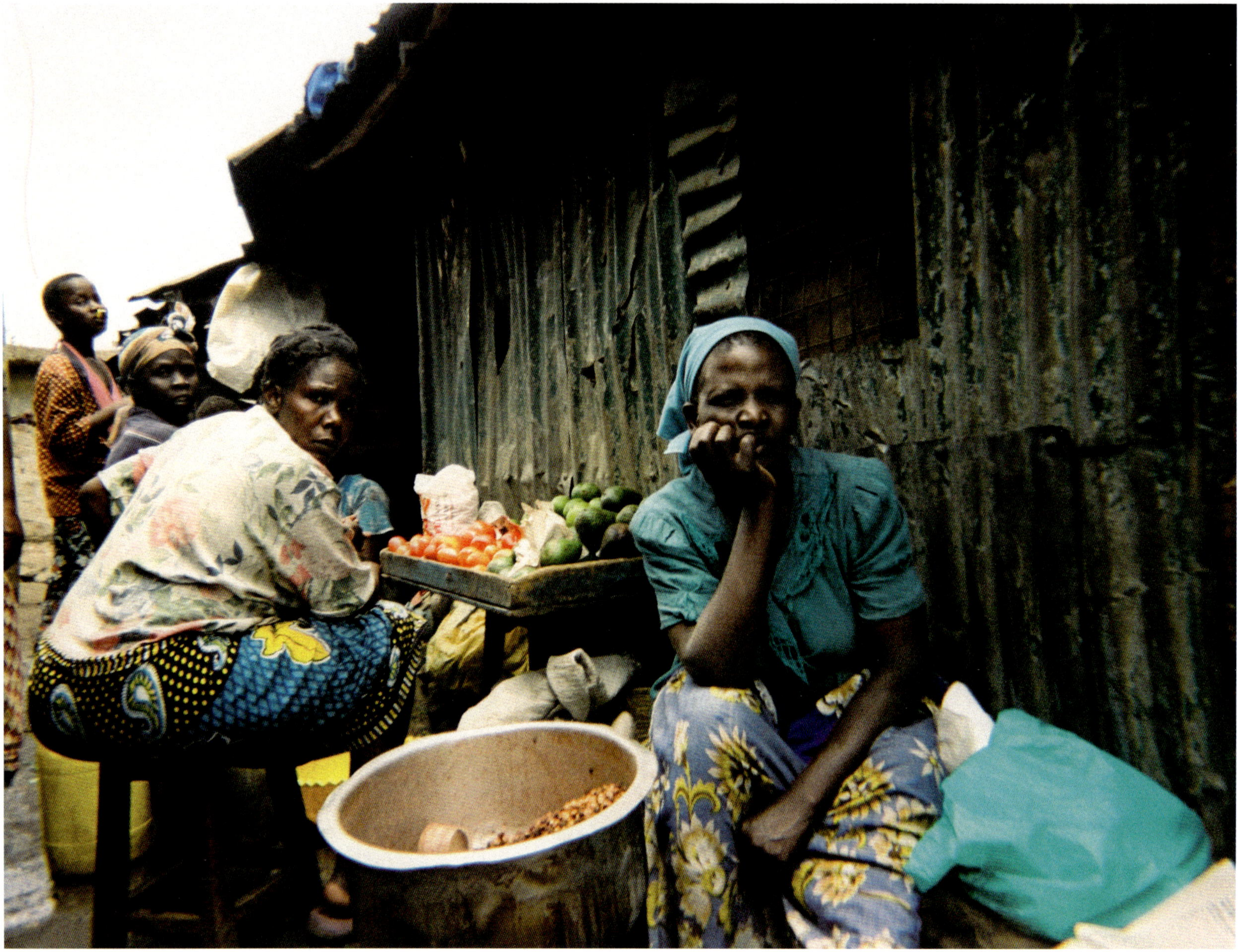

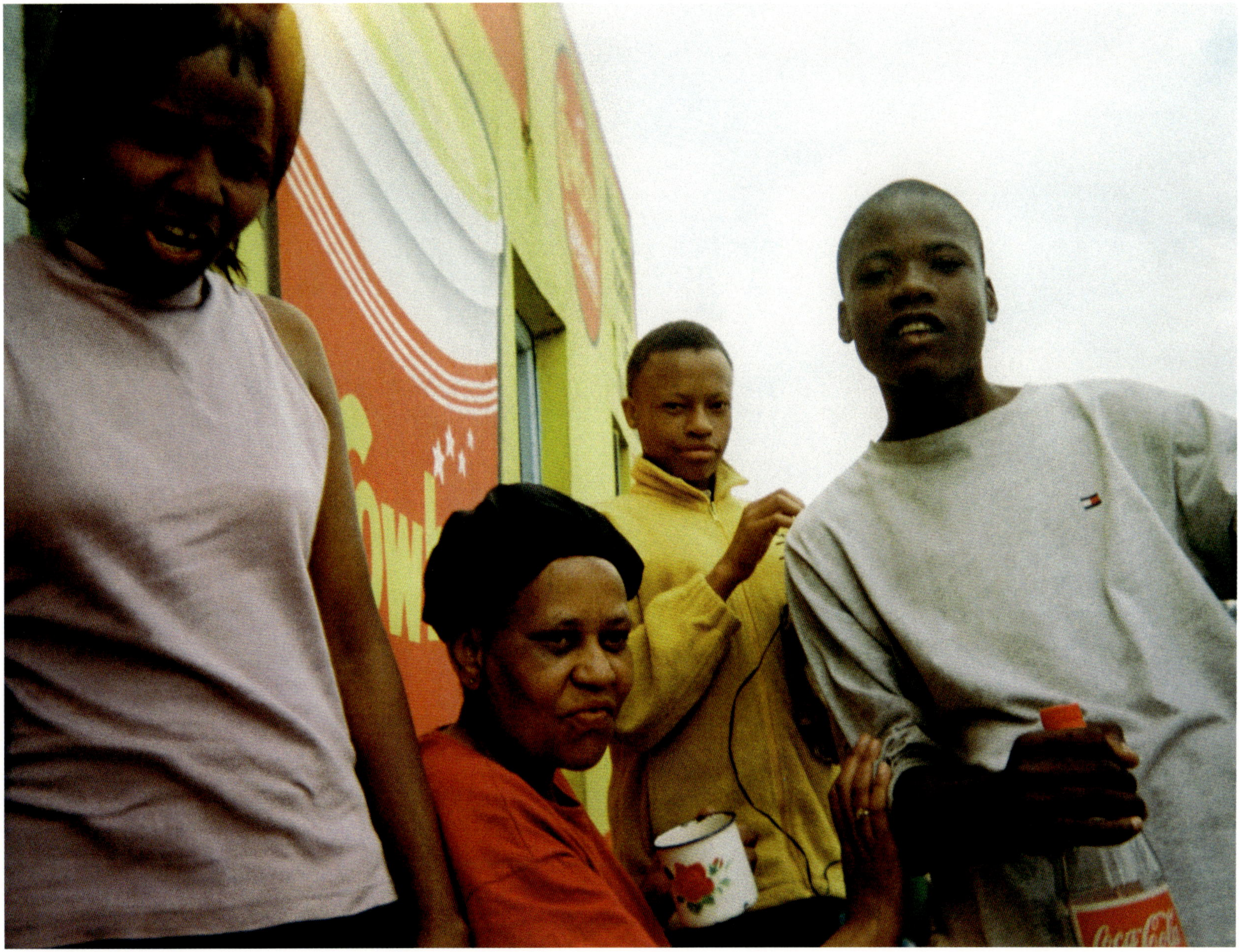

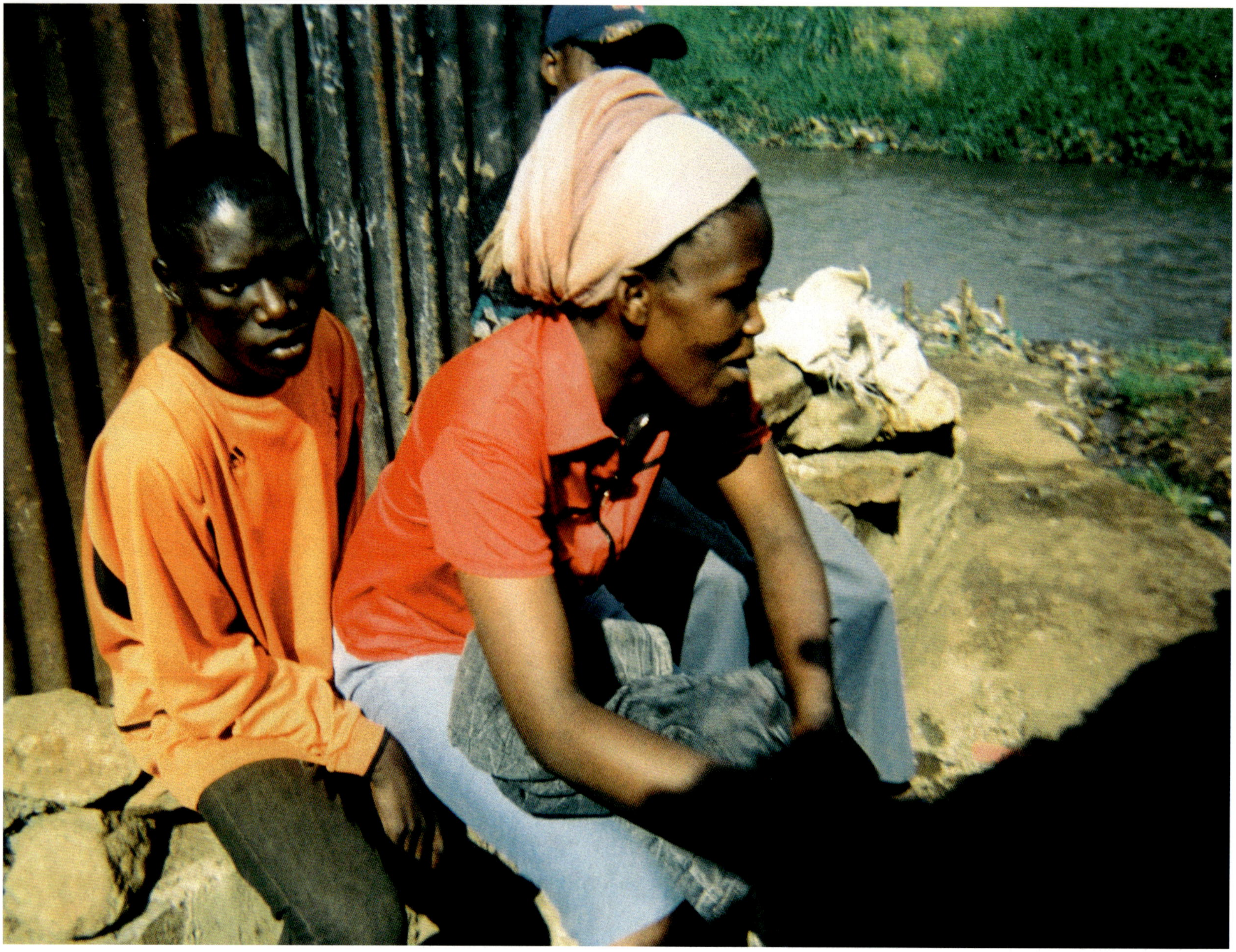

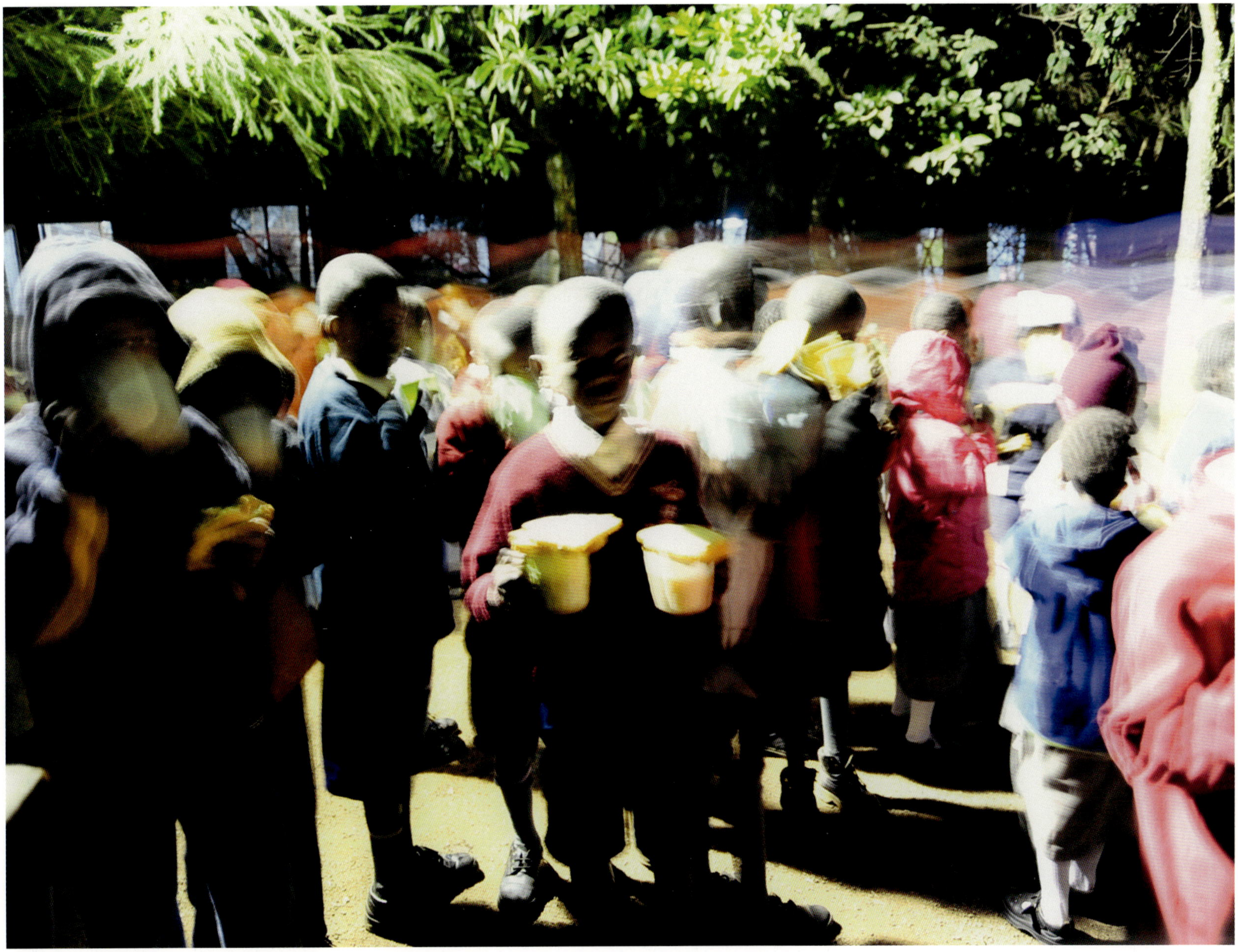

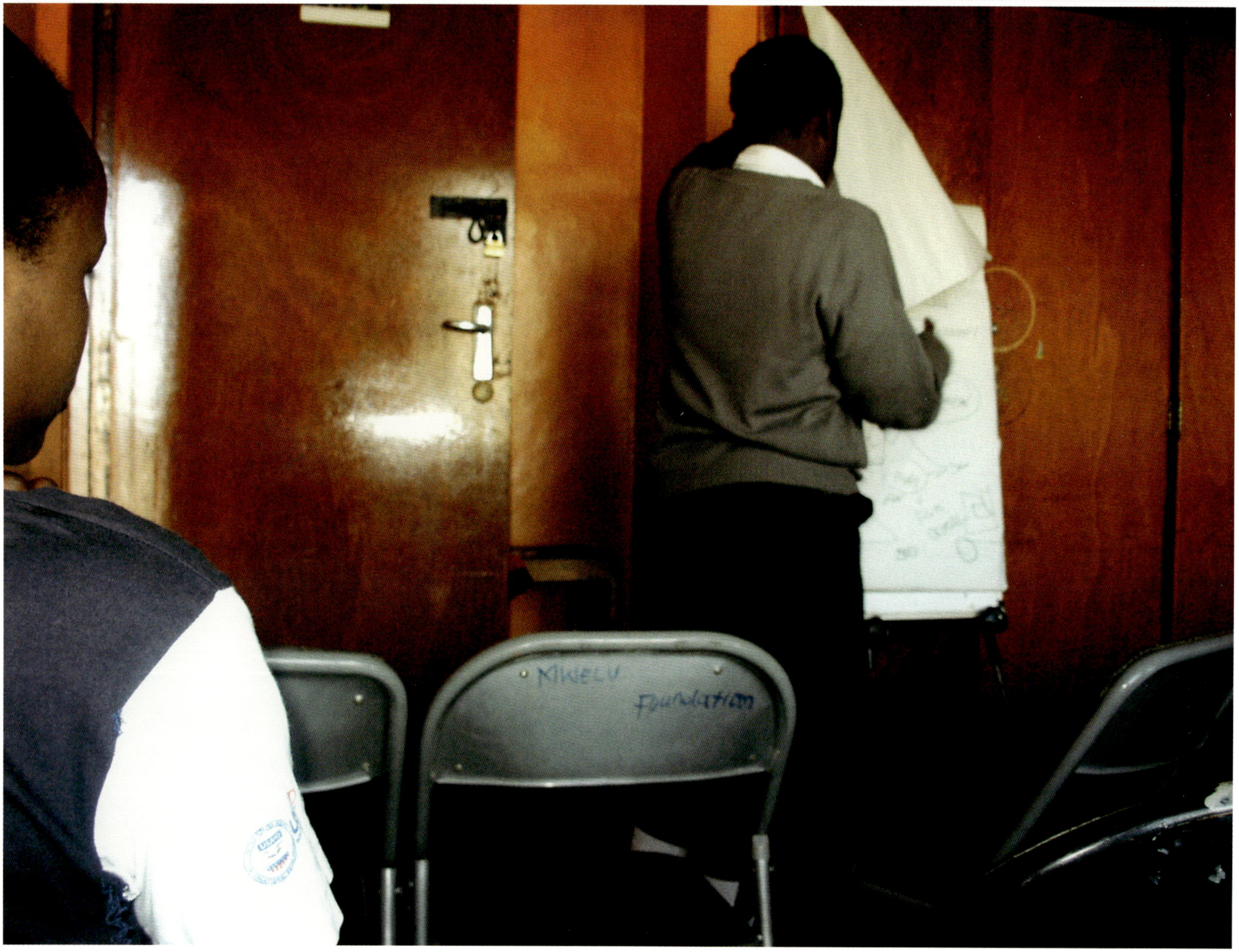
Foundation

Julius Mwelu was born and brought up in Nairobi, in the slum of Mathare. In 1997, at the age of 13, he discovered photography thanks to a joint initiative by the Kenyan footballer Françis Kimanzi and the American photographer Lana Wong.

He became fascinated by the world of images, and participated actively in *Shoot Back*, an audiovisual project in which thirty young people were asked to record their daily lives with simple disposable cameras. Several of his pictures were selected, displayed and then published in 1999 in *Shootback: Photos by Kids from the Nairobi Slums*.

He attended several workshops where he met the Dutch photographer Jasper Groen, who liked his work and supported him. He exhibited in the Netherlands and brought out a first solo publication entitled *Julius*, featuring images which are both funny and poignant of Mathare, one of the largest slums in Africa.

While photographing his community, he shared his passion for images and in turn initiated young slum-dwellers in photographic techniques. In 2007, he created the Mwelu Foundation, which now supervises some fifty teenagers and gives them training in photography and digital imaging. Julius Mwelu and the young people thus share and capture the daily life of Mathare, as well as working on behalf of various awareness-raising programmes and literacy projects.

By giving children a voice and promoting education, Julius Mwelu hopes to break the cycle of poverty and violence. In this context, he was chosen for the 'I'm a City Changer' campaign to play his part in the 2012 London Olympics by carrying the Olympic torch several hundred metres.

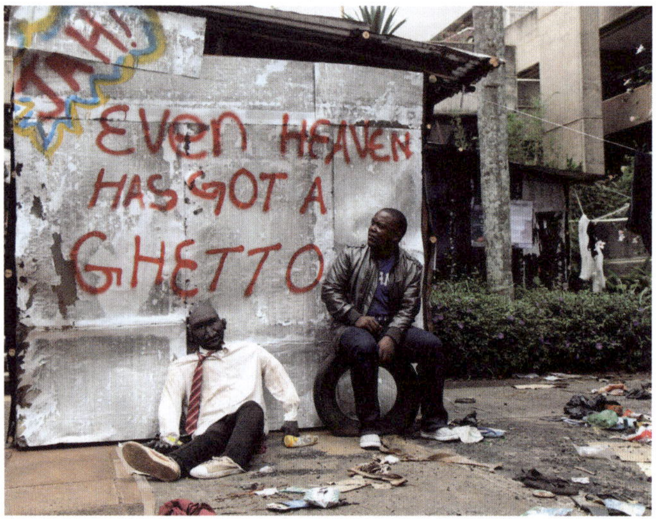

Julius Mwelu is geboren en getogen in de sloppenwijk Mathare in Nairobi. In 1997 kwam hij op 13-jarige leeftijd in aanraking met fotografie, dankzij een gemeenschappelijk initiatief van de Keniaanse voetballer Françis Kimanzi en de Amerikaanse fotografe Lana Wong.

Gepassioneerd als hij was door de wereld van de fotografie, nam hij actief deel aan *Shoot Back*, een audiovisueel project waarin aan een dertigtal jongeren werd gevraagd om hun dagelijkse leven in beeld te brengen met eenvoudige wegwerpcamera's. Verscheidene van zijn foto's werden geselecteerd, tentoongesteld en opgenomen in het in 1999 gepubliceerde boek *Shootback: Photos by Kids from the Nairobi Slums*.

Op een van de vele workshops waaraan hij deelnam, leerde hij de Nederlandse fotograaf Jasper Groen kennen, die zijn werk naar waarde wist te schatten en hem steunde. Zo kreeg hij de kans om zijn foto's tentoon te stellen in Nederland en publiceerde hij zijn eerste persoonlijke monografie *Julius*, die zowel grappige als aangrijpende beelden bevatte van Mathare, een van de grootste sloppenwijken van Afrika.

Terwijl hij zijn eigen gemeenschap fotografeerde, deelde hij zijn passie voor beelden en introduceerde hij op zijn beurt jongeren van de slum in de fotografische technieken. In 2007 richtte hij de Stichting Mwelu op, die tegenwoordig een vijftigtal jongeren begeleidt en hen een opleiding geeft in fotografie en digitale beeldbewerking. Zo leggen Julius Mwelu en de jongeren het dagelijkse leven van Mathare op beeld vast en delen het met de wereld. Daarnaast zetten ze zich ook in voor diverse bewustmakings- en alfabetiseringsprojecten.

Door kinderen een stem te geven en het onderwijs te bevorderen, hoopt Julius Mwelu de cyclus van armoede en geweld te doorbreken. In die context werd hij voor de campagne 'I'm a City Changer' als fakkeldrager voor de Olympische Spelen van Londen in 2012 aangeduid en droeg hij enkele honderden meters de olympische vlam.

Julius Mwelu est né et a grandi à Nairobi, dans le bidonville de Mathare. C'est en 1997 à l'âge de 13 ans qu'il découvre la photographie grâce à une initiative commune du footballeur kenyan Françis Kimanzi et de Lana Wong, photographe américaine.

Passionné par le monde des images, il participe activement à *Shoot Back* un projet audiovisuel qui proposait à une trentaine de jeunes de témoigner de leur quotidien avec de simples appareils photographiques jetables. Plusieurs de ses clichés sont sélectionnés, exposés et ensuite publiés en 1999 dans *Shootback: photos by kids from the Nairobi slums*.

Il participe à plusieurs ateliers où il rencontre le photographe néerlandais Jasper Groen qui apprécie son travail et le soutient. Il expose aux Pays-Bas et publie une première monographie personnelle intitulée *Julius* consacrée à des images à la fois drôles et poignantes de Mathare, un des plus grands bidonvilles d'Afrique.

Tout en photographiant sa communauté, il partage sa passion de l'image et initie à son tour des jeunes du bidonville aux techniques de prise de vue. En 2007, il crée la Fondation Mwelu, qui aujourd'hui encadre une cinquantaine d'adolescents et les forme à la photographie et à l'image numérique. Dans ce cadre, Julius Mwelu et les jeunes partagent et capturent la vie quotidienne de Mathare. Ils œuvrent également pour différents programmes de sensibilisation et des projets d'alphabétisation.

En offrant une voix aux enfants et en promouvant l'éducation, Julius Mwelu espère briser le cycle de la pauvreté et de la violence. Dans ce cadre, il a été choisi pour la campagne 'I'm a City Changer' afin de participer aux Jeux Olympiques de Londres de 2012 en portant sur quelques centaines de mètres la flamme olympique.

MWELU MEMBERS

Teenage members of the Mwelu Foundation, trained and supervised by Julius, have shared their viewpoint and shown their Mathare Valley. Each was able to express him or herself in complete freedom, bear witness to the living conditions in the slum where they grew up, and recount and shed light on the reality of everyday life. Photography is used throughout the book as a mirror of the world, an artistic language, a means of learning how to live in a community and a way of gaining professional experience.

MWELU LEDEN

Tieners, die lid zijn van de Mwelu-stichting en door Julius worden gevormd en begeleid, hebben ons door hun blik kennis laten maken met 'Mathare Valley'. Allen konden ze zich volledig vrij uitdrukken, getuigen van het leven in de sloppenwijk waar ze zijn opgegroeid en hun dagelijkse realiteit vertellen en nader toelichten. Doorheen het hele boek wordt fotografie gebruikt als een spiegel van de wereld, een artistieke taal, een leerproces van het leven in gemeenschap en een manier om beroepservaring op te doen.

MEMBRES DE MWELU

Des adolescents, membres de la Fondation Mwelu, formés et encadrés par Julius, ont partagé leur regard et donné à voir leur 'Mathare Valley'. Chacun a pu s'exprimer en toute liberté, témoigner de la vie dans ce bidonville qui les a vu grandir, raconter et mettre en lumière leur réalité quotidienne. La photographie est utilisée à travers ce livre comme miroir du monde, langage artistique, apprentissage de la vie en communauté et expérience professionnelle.

Judith Atieno, 76, 89, 115, 125, 132

James Chemose, 55

Leila Dayan, 46

Peter Gikonyo, 4, 99, 113

Joseph Kinyua, 33, 37, 97, 120, 121

Elijah Mumo, 38, 104

Mary Muthoni, 68

Antony Mwelu, 30

Julius Mwelu, 3, 26, 31, 35, 40, 41, 42, 44, 48b, 52, 56, 57, 58, 59, 60, 61, 62, 63, 75, 77, 93, 94, 103, 105, 106, 107, 116, 142, 143, 144

Raymond Ochieng, 112

Stephen Ochieng, 21, 27, 34, 74, 79, 117, 122, 126

Maxwell Odhiambo, 32, 119

Kennedy Okore, 39

Rodgers Oluoch, 23, 24

Simon Onyango, 48a, 65, 91, 102, 110, 111, 127

James Otieno, 2, 25, 49a, 49b, 51b, 53, 100, 109, 123

Moses Ouma, 1, 29, 51a, 90, 118, 141

Abdi Shafi, 128

Alexander Thongo, 131

Christine Wangui, 80, 71, 73, 66

DUE TO THE LIMITED NUMBER OF PAGES THE WORKS OF SOME PHOTOGRAPHERS FROM THE MWELU FOUNDATION ARE NOT INCLUDED IN THIS BOOK:
Catharine Cate, Grace Elisha, Alex Kamweru, Michael Muia, Judy Joy Mugeci, Calvin Muturi, Jenipher Ndinda, Jane Njeri, Fridah Nyambura, Steven Otien, Rachael Ouko, Benter Oyugi, Barbara Wagio, Gladys Waithera and Diana Wanjiku.

WEGENS HET BEPERKTE AANTAL BLADZIJDEN ZIJN ENKELE FOTOGRAFEN VAN DE MWELU STICHTING NIET OPGENOMEN IN DIT BOEK:
Catharine Cate, Grace Elisha, Alex Kamweru, Michael Muia, Judy Joy Mugeci, Calvin Muturi, Jenipher Ndinda, Jane Njeri, Fridah Nyambura, Steven Otien, Rachael Ouko, Benter Oyugi, Barbara Wagio, Gladys Waithera en Diana Wanjiku.

EN RAISON DU NOMBRE LIMITÉ DE PAGES, LES TRAVAUX DE CERTAINS PHOTOGRAPHES DE LA FONDATION MWELU NE SONT PAS REPRIS DANS CE LIVRE:
Catharine Cate, Grace Elisha, Alex Kamweru, Michael Muia, Judy Joy Mugeci, Calvin Muturi, Jenipher Ndinda, Jane Njeri, Fridah Nyambura, Steven Otien, Rachael Ouko, Benter Oyugi, Barbara Wagio, Gladys Waithera et Diana Wanjiku.

BILLY KAHORA

Billy Kahora is geboren in 1970 en hij maakt deel uit van een jongere generatie van Afrikaanse schrijvers, geboren na de onafhankelijkheid.

Afgestudeerd in journalistiek en in media studies van Rhodes University, daarna in creatief schrijven aan de Universiteit van Edinburgh, zijn zijn geschriften gepubliceerd in *Granta Online*, *McSweeneys*, *Internazionale*, *Kwani ?*, *Chimurenga* en *Vanity Fair*.

In 2009 heeft hij *The True Story of David Munyakei* geschreven evenals het script voor de film *Soul Boy* geregisseerd door Hawa Essuman en die in 2010 de Kalasha Award voor beste scenario heeft gewonnen. Auteur ook van korte verhalen was hij in 2012 geselecteerd voor de Caine Prize for African Writing.

Na bijna tien jaar in Zuid-Afrika verhuisde hij naar Nairobi waar hij vandaag het literaire tijdschrift *Kwani ?* coördineert.

BILLY KAHORA

Billy Kahora was born in 1970 and he is part of a new generation of African writers, born after the independence.

Graduated in journalism and in media studies from Rhodes University, then in creative writing at the University of Edinburgh, his writings have been published in *Granta Online*, *McSweeneys*, *Internazionale*, *Kwani ?*, *Chimurenga* and *Vanity Fair*.

He has written in 2009 *The True Story of David Munyakei* as well as the script for the film *Soul Boy* directed by Hawa Essuman which won in 2010 the Kalasha Award for Best Screenplay. Author also of short stories he made in 2012 the shortlist of the Caine Prize for African Writing.

After living nearly ten years in South Africa, he moved to Nairobi where he is currently Managing Editor of the Kenyan literary journal *Kwani ?*

BILLY KAHORA

Billy Kahora est né en 1970 et fait partie de cette nouvelle génération d'écrivains africains, nés après l'indépendance.

Diplômé en journalisme et en étude des médias de la Rhodes University, par la suite en écriture créative à l'université d'Édimbourg, ses articles ont été publiés dans *Granta Online*, *McSweeneys*, *Internazionale*, *Kwani ?*, *Chimurenga* et *Vanity Fair*.

Il écrit en 2009 *L'Histoire Vraie de David Munyakei* mais aussi le scénario du film *Soul Boy* de Hawa Essuman qui remportera en 2010 le Kalasha Award pour meilleur scénario. Également auteur de nouvelles, il a été retenu dans la sélection 2012 du Prix Caine pour l'écriture africaine.

Après avoir passé près de dix ans en Afrique du Sud, il s'est installé à Nairobi où il coordonne la revue littéraire *Kwani ?*

AFRICALIA

Kunst en cultuur zijn cruciaal voor het opbouwen van een duurzaam menselijk ontwikkelingverhaal. De visie van Africalia vertaalt zich, met de steun van de Belgische Ontwikkelingssamenwerking (DGD), in resultaatsgerichte programma's met lokale partners in Afrika. Dit ligt tevens in de lijn van het Verdrag van Cotonou, de UNESCO Conventie over culturele diversiteit, de Millennium Ontwikkelingsdoelstellingen en de Verklaring van Parijs rond efficiënte internationale samenwerking.

Cultuur is nauw verweven met creativiteit, opent de interculturele dialoog en stimuleert een positief identiteitsbewustzijn. Bovendien heeft cultuur een fundamenteel economische en educatieve waarde. De cultuursector speelt dan ook een significante rol in de strijd tegen armoede en werkt gedragsverandering in de hand. Met driejarenprogramma's ondersteunt Africalia structuren en professionele netwerken op het continent, zodat artiesten zich kunnen ontplooien en in waardige omstandigheden hun sociale en maatschappelijke rol kunnen spelen in het versterken van de democratie.

AFRICALIA

Art and culture are essential elements in a sustainable human development process. Africalia, largely supported by the Belgian Development Cooperation, is running result-based programmes conceived in collaboration with its partners in Africa. This philosophy is in line with : the Cotonou Agreement ; the UNESCO Convention on cultural diversity ; the Millennium Development Goals ; and the Paris Declaration on aid efficiency.

Culture is intimately linked with creativity; it stimulates intercultural dialogue and increases positive identity awareness. Culture also represents market potential and educational value, so it can play a considerable part in the fight against poverty. Moreover, culture acts on behavioural change. Through its three-year programmes, Africalia supports professional organizations and networks in Africa that contribute to the flourishing of artists, that in turn play their social and societal role in strengthening democracies.

AFRICALIA

Art et Culture sont des éléments essentiels dans la dynamique du développement humain durable. C'est la vision d'Africalia, dont les programmes, axés sur des résultats et des approches culturelles contemporaines, ont été conçus avec ses partenaires en Afrique. Soutenue par la Coopération belge, notre démarche s'appuie sur l'Accord de Cotonou, la Convention de l'UNESCO sur diversité culturelle, les Objectifs de Développement du Millénaire et la Déclaration de Paris qui cadre l'efficacité de l'aide au développement.

La culture est liée à la créativité, elle stimule le dialogue interculturel et valorise l'identité positive. Elle représente un potentiel économique et peut jouer un rôle important dans la lutte contre la pauvreté. La culture agit sur les changements de comportements et dans le domaine éducatif, elle complète les connaissances. Par le biais de programmes triennaux, Africalia soutient des structures et des réseaux professionnels africains qui contribuent à l'épanouissement des artistes et leur permettent d'assumer, dans de bonnes conditions, un rôle social et interpellateur, gage de démocratie.

>> 141,142,143,144

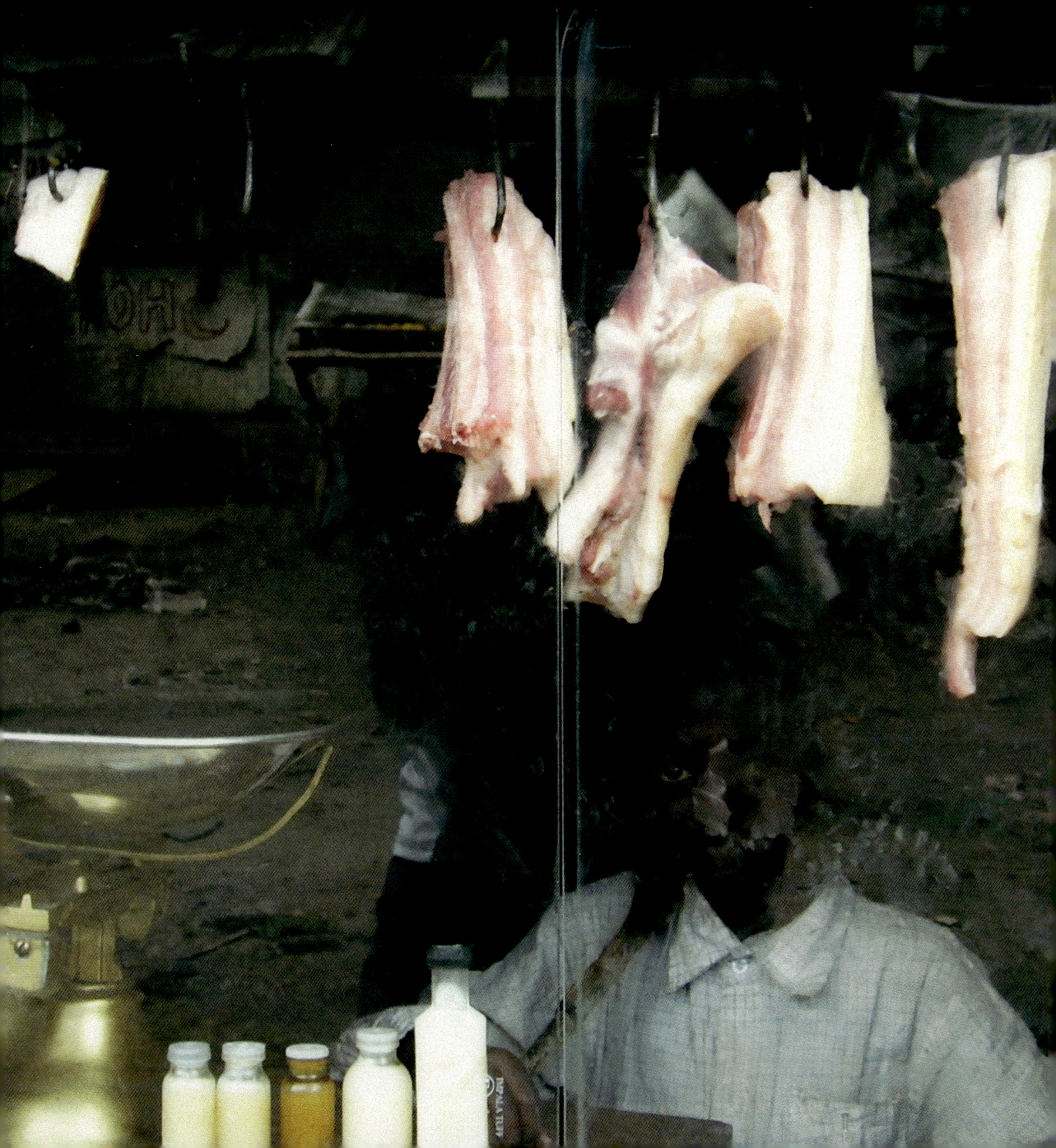

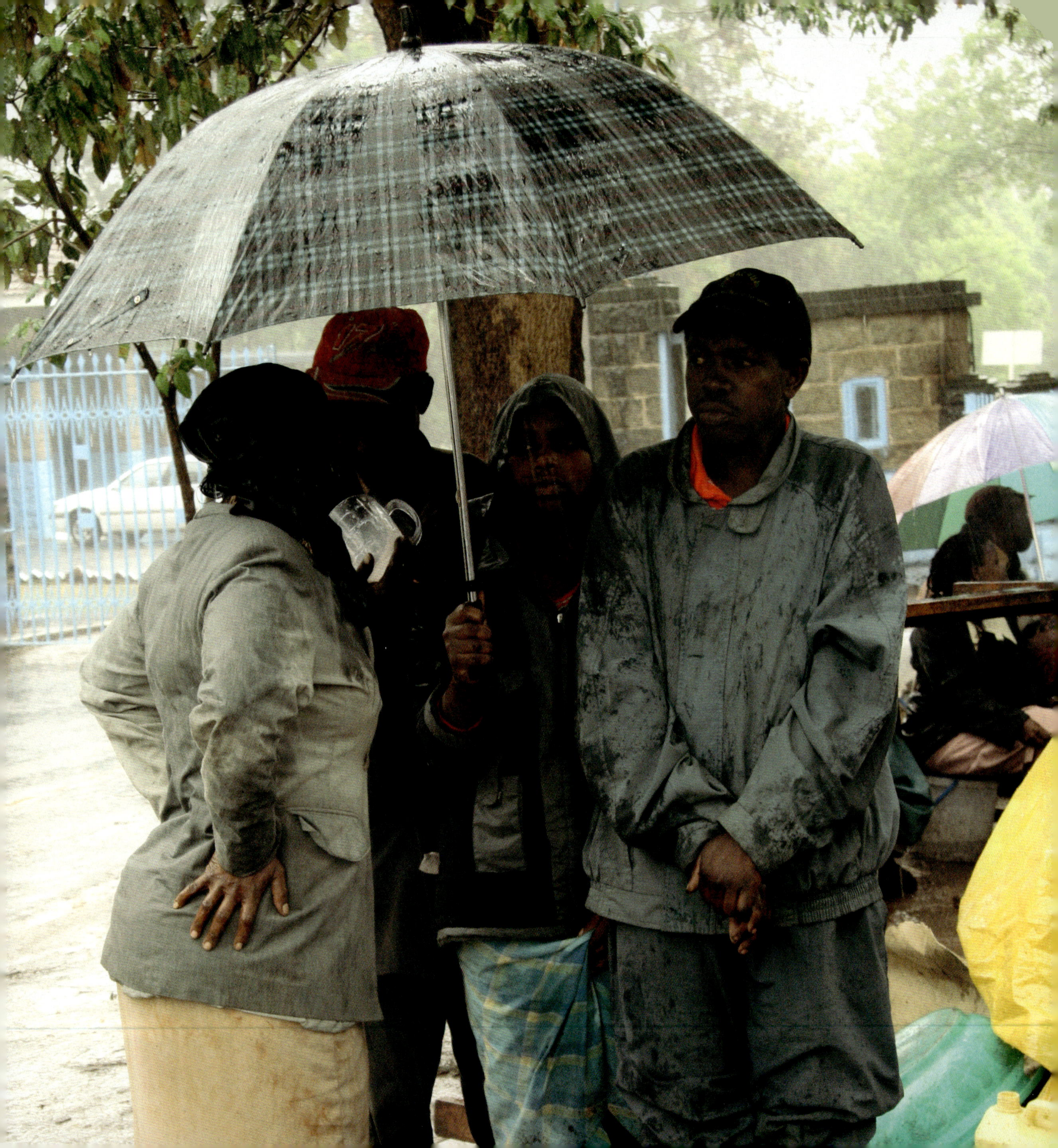

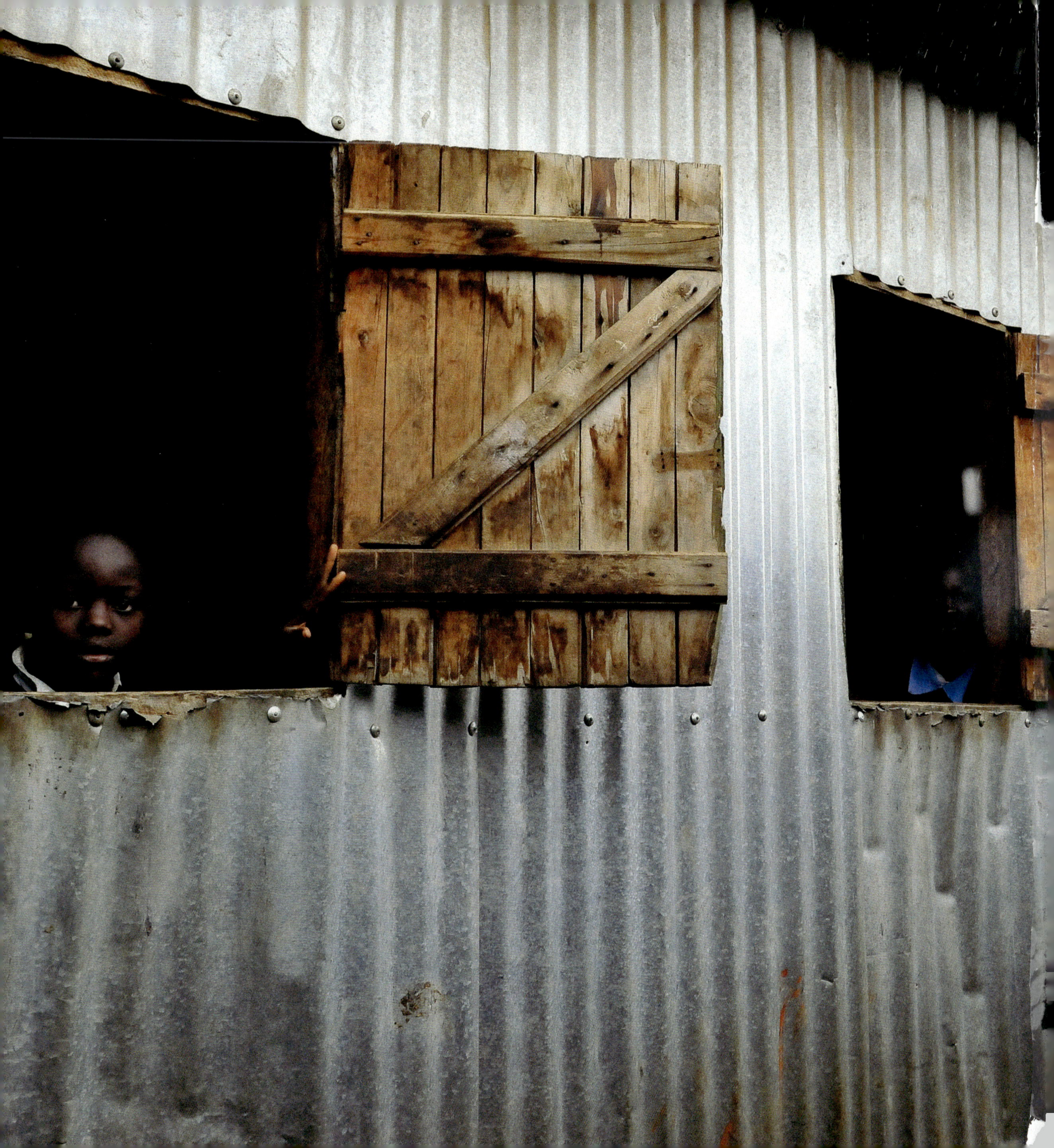

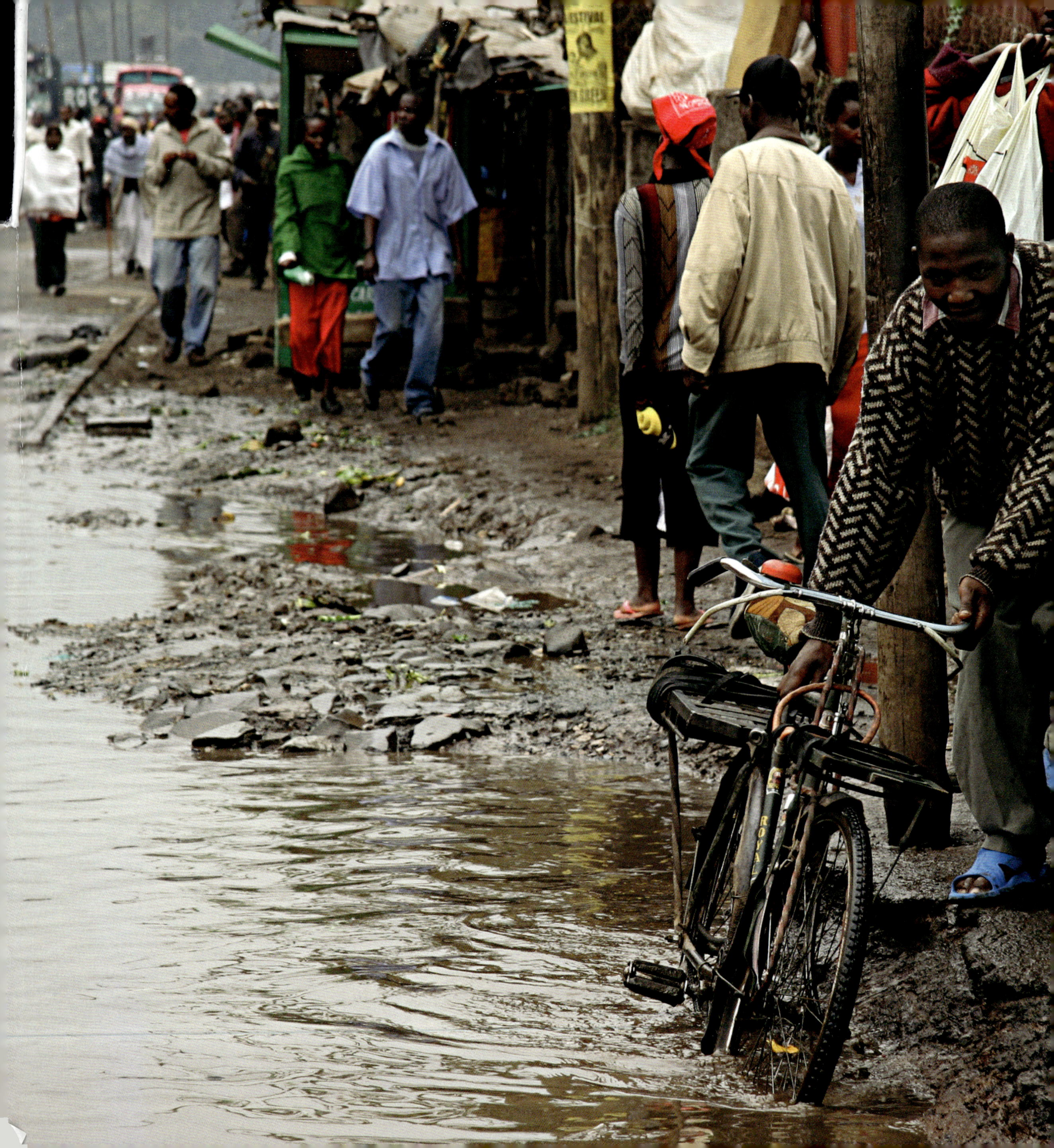